# Bitcoin ohne Vorkenntnisse

## Innerhalb von 7 Tagen die Blockchain verstehen

Benjamin Spahic

Inhalt


1. Vorwort ... 1

2. Einstieg und Grundkenntnisse ... 4

2.1. Die Geschichte des Geldes ... 4

2.2. Welche Aufgaben hat Geld welche Probleme löst es? ... 5

2.3. Aufgabe des Goldstandards ... 7

2.4. Digitalisierung des Geldes ... 10

2.5. Grundlagen Kryptographie ... 11

2.6. Asymmetrische Verschlüsselung ... 13

3. Die Entstehung des Bitcoins ... 24

3.1. Bitcoin mBTC und Satoshi – Die Währungseinheiten ... 25

3.2. Adressen auf der Blockchain ... 28

3.3. Konsensusbildung und Mining ... 33

3.4. Senden einer Transaktion ... 36

3.5. Proof of Work und Double-Spending ... 37

3.6. Reihenfolge der Transaktionen ... 38

4. Aufbau der Blockchain ... 40

4.1. Mining Difficulty ... 49

4.2. Wirtschaftliche Aspekte des Minings ... 50

4.3. Der 51 % Angriff ... 52

4.4. Forken einer Blockchain ... 53

4.5. Einfluss des Minings auf die Umwelt ... 59

4.6. Proof of Stake ... 61

5. Transparenz und Anonymität ... 64

5.1. Transparenz der Blockchain ... 64

5.2. Anonymität der Blockchain ... 64

5.3. Pseudo-Anonymität ........ 65
5.4. Private Coins ........ 65
6. Altcoins ........ 68
6.1. Stablecoins ........ 69
6.2. Ethereum ........ 72
6.3. Smart Contracts und ERC20-Token ........ 75
6.4. DApps ........ 79
6.5. DAOs ........ 82
6.6. Ethereum-Alternativen ........ 87
6.7. EIP1559 und Ethereum 2.0 ........ 89
7. Praxiseinstieg: Bitcoin und Co kaufen ........ 92
7.1. Wallet-Anbieter und Krypto-Exchanges ........ 92
7.2. Coins langfristig sicher aufbewahren ........ 96
7.3. Seeds und Master Keys ........ 99
7.4. Worauf sollten wir achten? ........ 105
8. Zukunft der Blockchain ........ 112
8.1. Zukunft der Blockchain-Technologie ........ 112
8.2. Die Zukunft von Bitcoin ........ 114
8.3. Die Zukunft von Altcoins ........ 122
9. Die häufigsten Mythen ........ 126
9.1. Bitcoin kann verboten werden ........ 126
9.2. Bitcoin ist eine Blase ........ 130
9.3. Bitcoin kann gehackt werden ........ 134
9.4. Bitcoin ist ineffizient ........ 136
9.5. Bitcoin ist als Zahlungsmittel ungeeignet ........ 138
9.6. Quantencomputer zerstören das Bitcoin-Netzwerk ........ 142

9.7. Bitcoin wird für illegale Aktivitäten verwendet .................... 145

9.8. Bitcoin ist zu teuer und reine Spekulation ............................ 147

9.9. Deflation zerstört die Wirtschaft ......................................... 149

10. Schlusswort ........................................................................ 152

Gratis eBook ............................................................................ 154

Stichwortverzeichnis ............................................................... 158

# 1. Vorwort

Bitcoin – ein Thema, bei dem sich die Geister scheiden. Für die einen ist Bitcoin nicht nur eine digitale Währung, sondern eine Revolution gegen das gesamte Finanzsystem. Die anderen erwidern, dass Bitcoin keinen inneren Wert habe und man besser schnell seine Bestände verkaufen solle, da er bald wertlos sein wird.

Obwohl beide Seiten berechtigte Argumente vorbringen können und egal wie man zur Blockchain-Technologie stehen mag: In den letzten Jahren hat Bitcoin allen Gegnern getrotzt. Der Preis eines Bitcoins hat schon mehrfach einen rasanten Anstieg hingelegt, und im Laufe der Zeit konnte Bitcoin, genau wie alle anderen Kryptowährungen, einen enormen Zuwachs verzeichnen, sodass es zumindest sinnvoll ist, sich mit diesem Thema auseinanderzusetzen. Die Blockchain-Technologie wird in vielen Bereichen erforscht oder bereits eingesetzt, das ist nicht mehr zu leugnen. Die uns bevorstehende Revolution ist vergleichbar mit der Revolution der Digitalisierung. Wer hat von der Digitalisierung profitiert? Die Menschen, die sich frühzeitig mit der Materie auseinandergesetzt haben. Wer hat nicht von der Digitalisierung profitiert? Die Menschen, die auf ihre alten Prinzipien versteift waren und nicht offen für neue Technologien waren. Es ist also wirklich sinnvoll, sich frühzeitig mit neuen Technologien wie der Blockchain oder dem Bitcoin auseinanderzusetzen.

Was ist eigentlich Bitcoin? Ist Bitcoin das Gleiche wie Blockchain? Und welche anderen Kryptowährungen gibt es eigentlich?

Bitcoin ist in aller Munde, ob im öffentlichen Fernsehen oder im privaten Kreis. Dabei ist viel Halbwissen vorherrschend und viele Begriffe werden durcheinandergebracht oder im vollkommen falschen Zusammenhang verwendet.

Das ist auch nicht verwunderlich, schließlich ist die Technik neu und relativ komplex. Es wird nicht erwartet, dass sich ein Laie bis in die tiefste Ebene der Programmierung einliest. Dafür ist ein mehrjähriges Informatikstudium notwendig.

Nichtsdestotrotz ist die Thematik rund um Blockchain und Bitcoin längst nicht so komplex, wie es vielleicht zunächst den Anschein macht. Lediglich ein gewisses technisches Verständnis und die Begeisterung für das Thema sind notwendig, um die Mechanismen zu verstehen.

Da du dieses Buch gekauft hast, scheinst du auf jeden Fall die Begeisterung für die Thematik mitzubringen. Du möchtest die Grundlagen und die Strukturen rund um Bitcoin und Kryptowährungen verstehen. Vielleicht spielst du mit dem Gedanken, in Bitcoin zu investieren, möchtest aber zuerst die technischen Hintergründe erkunden. Vielleicht möchtest du einfach mitreden können, wenn das nächste Mal Bitcoin oder Blockchain am Stammtisch erwähnt wird. Oder vielleicht bist du ein Kritiker auf der Suche nach Schwächen in der Technik – denn auch diese gibt es bei Bitcoin und anderen Kryptowährungen!

In jedem Fall wirst du es nicht bereuen, dich mit der Materie auseinandergesetzt zu haben.

Bücher über die Blockchain-Technologie sind zumeist entweder rein auf den monetären Aspekt von Bitcoin und Kryptowährungen ausgerichtet oder so technisch verfasst, dass sie ein mehrjähriges Informatikstudium erfordern, um dem Buchinhalt folgen zu können.

Diese Bücher sind für Neueinsteiger jedoch vollkommen ungeeignet. Seitenlange Programmzeilen, die man nach einer Woche wieder vergessen hat. Das Resultat ist Verwirrung. Das demotiviert und bringt viele Interessierte schnell wieder dazu, mit dem Thema abzuschließen. Das liegt nicht an den Lesern, sondern daran, dass sie einfach nicht zur Zielgruppe des Buches gehören. Man muss nämlich kein Einstein sein, um die Technologie hinter Bitcoin verstehen zu können, man muss lediglich motiviert sein, sich mit der Materie zu befassen.

Und genau aus dieser Denkweise heraus ist dieses Buch entstanden.

Es stellt einen Einsteigerratgeber für Wissbegierige dar, die ohne viel Vorwissen die Grundkenntnisse der Blockchain, Bitcoin und anderen Kryptowährungen erlernen wollen.

## Voraussetzungen und Wissensstand:

Dieses Buch ist für jeden geeignet, der eine Grundbegeisterung für Kryptographie mitbringt. Ein wenig Mathematik ist auch dabei, jedoch auf einem sehr überschaubaren Level, sodass jeder Leser problemlos folgen kann.

Das Buch ist für Einsteiger ohne Vorkenntnisse geeignet. Die Kapitelinhalte sind so gestaltet, dass sie auch ohne Vorkenntnisse verständlich sind. Da das Buch auch Lesern mit technischen Vorkenntnissen einen Mehrwert bieten soll, wird teilweise detailliert auf technische Details der Blockchain eingegangen. Diese Details und Exkurse können auf den ersten Blick abschreckend wirken, sind jedoch für das allgemeine Verständnis nicht essenziell notwendig. Auch als oberflächlicher Anwender der Technologien ist es jedoch sinnvoll, die Hintergründe beleuchtet zu haben, auch wenn man nachher nicht alles bis ins kleinste Detail wiedergeben kann.

Auch werden viele neue, häufig englische Begriffe eingeführt. Falls während des Lesens ein Begriff nachgeschlagen werden muss, hilft das **Stichwortverzeichnis** am Ende des Buches.

Da die Grundkenntnisse unseres Geldsystems sowie Verschlüsselungstechniken für das Verständnis essenziell sind, wird in den ersten Kapiteln gezielt darauf eingegangen.

Zur besseren Struktur sind im Buch an bestimmten Stellen immer wieder folgende Icons zu finden:

Glühbirne: Hier werden die Kernpunkte eines Kapitels zusammengefasst. Diese Aussagen eignen sich gut zum Nachschlagen oder wenn man ein Themengebiet noch einmal überfliegen möchte.

Achtung: Hier werden häufige Fehler angeführt. Es wird gezeigt, wo und warum man häufig auf Hindernisse oder falsche Annahmen trifft.

# 2. Einstieg und Grundkenntnisse

Das Geldsystem, wie wir es heute verwenden, bestimmt nahezu all unsere Lebensbereiche, egal ob es um die Auswahl unserer beruflichen Laufbahn, die Finanzierung des Eigenheims oder den sommerlichen Urlaub geht.

Natürlich macht Geld allein nicht glücklich, jedoch gibt es zahlreiche Studien, die zeigen, dass Geldprobleme einen erhöhten Stresslevel bedingen. Darum ist es wichtig, sich auch schon in frühen Lebensjahren mit dem Geldsystem auseinanderzusetzen. Woher kommt Geld? Was ist die Funktion von Geld? Wie verdienen Banken ihr Geld?

In puncto Finanzbildung herrscht in Deutschland leider eine große Bildungslücke. Wirtschaftliche Zusammenhänge sind meistens nicht Teil des Schulplans und werden deshalb nur unzureichend vermittelt. Dabei sind am Markt fundamentale Mechanismen zugange, die den Alltag eines jeden Menschen maßgeblich beeinflussen.

Deshalb ist es wichtig zu wissen, was dieses Geld eigentlich ist, wie es sich historisch entwickelt hat und welche Problematiken damit verbunden sind.

Um einen Überblick über das aktuelle System sowie dessen Stärken und Schwächen zu bekommen, werfen wir zu Beginn einmal einen Blick auf die Geschichte unseres Geldes.

## 2.1. Die Geschichte des Geldes

Die Geschichte des Geldes reicht bin zum Ursprung der Menschheit zurück.

Bis circa 2000 Jahre vor Christus war es gang und gäbe, dass Güter und Waren direkt getauscht worden sind. Auf Märkten oder Geschäften wurden alle Erträge zusammengebracht und getauscht. Der Bauer gab einen Teil seines Getreideüberschusses für ein paar Wolldecken ab, der Schuster ein paar Schuhe für frische Milch und Fisch und so weiter. Relativ schnell wurde klar, dass es sinnvoller ist, nicht direkt mit den Gütern zu handeln, sondern mit einem Ersatzprodukt, das den Wert der verschiedenen Güter vereinheitlicht. Gleichzeitig muss dieser Ersatz kleiner, handlicher und länger stabil bleiben, demnach nicht schimmeln oder abgenutzt werden können.

Das Ziel bestand darin, die Arbeitskraft, die in den Produkten steckt, langfristig speichern zu können.

Relativ schnell wurden Muscheln, Diamanten und Edelmetalle wie Gold und Silber als potenzielle Wertspeicher auserkoren. Schlussendlich haben sich Edelmetalle wie Gold, Silber und Bronzeverbindungen hervorgehoben.

Gold hat sich dabei bis ins 16. Jahrhundert als primäre, stabile Währung durchgesetzt. Doch warum fiel die Wahl bei so vielen möglichen Rohstoffen ausgerechnet auf Edelmetalle? Um das zu verstehen, schauen wir uns zunächst einmal die Aufgaben des Geldes bzw. einer Währung an. Welche Eigenschaften muss es besitzen, welche Probleme löst es?

## 2.2. Welche Aufgaben hat Geld welche Probleme löst es?

Wir haben bereits gesehen, dass es sinnvoll ist, einen zeitunabhängigen Wertspeicher in Form einer Währung einzuführen.

Damit der Wert der Währung erhalten bleibt, muss es **rar** sein. Rar bedeutet, dass der Rohstoff nur in begrenzter Menge zur Verfügung steht. Wenn die Währung vermehrt werden kann, sinkt der Wert.

Dies ist beispielsweise bei einer (Hyper-)Inflation der Fall. Die Anzahl des Geldes wird schnell erhöht, und als Folge sinkt die Kaufkraft der Währung.

Streng genommen spielen noch weitere Faktoren wie das Wirtschaftswachstum eine entscheidende Rolle. Im Rahmen der benötigten Genauigkeit dieses Buches können wir diese Aspekte jedoch vernachlässigen.

Die zweite elementare Eigenschaft des Geldes ist, dass es **schwer herzustellen sein muss**. Dies dient primär der Fälschungssicherheit. Auch das ist bei Gold der Fall. Es ist sehr aufwendig, Gold aus der Erdkruste zu bergen und Münzen zu prägen.

Dies bringt uns direkt zum nächsten essenziellen Punkt einer funktionierenden Währung: die **Ersetzbarkeit.** Ersetzbar bedeutet, dass mehrere Objekte innerhalb einer Währungsklasse den gleichen Wert besitzen. Ein 10-€-Schein ist genauso viel Wert wie ein anderer 10-€-Schein. Bei Muscheln oder Diamanten ist das nicht der Fall, und deshalb haben sie sich nicht als Zahlungsmittel durchgesetzt. Bei Diamanten beispielsweise gibt es verschiedene Wertegrade. Zwei gleich aussehende Diamanten können trotzdem einen unterschiedlichen Wert besitzen. Nur ein Fachmann kann den wahren Wert bestimmen.

Gold hingegen kann geschmolzen und in gleichgroße und gleichschwere Münzen gepresst werden – damit ist die Ersetzbarkeit gewährleistet. Außerdem kann man selbst bestimmen, wie groß die Münzen gewählt werden sollen.

Eine Währung muss **transportabel**, **teilbar** und **fälschungssicher** sein, um einen reibungslosen Handel gewährleisten zu können.

Das letzte Kriterium ist gleichzeitig auch das wichtigste Kriterium für eine stabile Währung und wird im vorliegenden Buch noch häufiger thematisiert werden: Die Rede ist von **Vertrauen**.

Vertrauen ist der zentrale Baustein des Geldsystems, und dieses Vertrauen hat sich das Gold über Tausende Jahre als sicheres Zahlungsmittel erarbeitet. Oftmals wird Gold daher auch als „sichere" Geldanlage oder „sicherer Hafen" bezeichnet. Gold an sich hat keinen inneren Wert. Man kann es nicht essen oder Kleider daraus herstellen. Ein Schmuckstück sieht optisch ansprechend aus, ist heutzutage jedoch weitestgehend unabhängig vom aktuellen Goldpreis.

Allein das Vertrauen, dass wir für ein Stück Gold von einem Dritten Ware erhalten werden, macht es möglich, Gold als Zahlungsmittel zu verwenden.

Gold und Goldmünzen haben jedoch auch Nachteile. Zum einen sind sie relativ schwer herzustellen. Dies spielt der Fälschungssicherheit in die Karten, hat sich aus heutiger Sicht allerdings als sehr unpraktikabel herausgestellt. Außerdem ist die Teilbarkeit bzw. die Auflösung begrenzt. Heutzutage liegt eine Feinunze Gold (1 oz tr. = 31,1 g) bei ungefähr 1500-2000 USD. Möchten wir an der Kasse einen Eurocent Wechselgeld bekommen, würden wir umgerechnet also 0,0002 g Gold zurückbekommen. Wir sehen also: Das ist nicht realisierbar.

Deshalb ist die Idee aufgekommen, das Gold als Tauschbasis zu behalten, jedoch nicht mehr direkt mit dem Gold zu tauschen, sondern eine Art Schuldschein zu erstellen, mit dem einfacher gehandelt werden kann.

Wichtig ist in diesem Zusammenhang, dass hinter jedem dieser Schuld- bzw. Papierscheine ein Stück **physisches Gold** stand, das jederzeit gegen den Schuldschein eingetauscht werden konnte. Zentrale Banken gaben die Geldscheine aus und lagerten das hinterlegte Gold ein.

Dieses Konzept, dass eine Währung durch einen Rohstoff wie Gold oder Silber gedeckt ist, wird als **Goldstandard** bezeichnet.

Das Vertrauen, dass wir für unseren Schuldschein unser Stück Gold zurückbekommen, gewährleistet die Bank.

Dieses System bringt viele Vorteile. Papier ist leicht und kann in großen aber auch kleinen Mengen produziert werden. Verschiedene Geldscheine stellen verschiedene Teilungen dar.

Warum kam jedoch plötzlich der Gedanke auf, dass dieses System und die Währungen, wie wir sie haben, nicht als langfristige Zahlungs- und Wertaufbewahrungsmittel geeignet sind? Dazu schauen wir uns die Probleme unseres Papiergeldsystems einmal genauer an. Alles begann mit der Aufgabe des Goldstandards.

## 2.3. Aufgabe des Goldstandards

Wir haben bereits den Goldstandard kennengelernt. Er besagt, dass eine Währung, sei es der Euro, der japanische Yen oder der Dollar, durch einen Rohstoff wie Gold, Silber oder auch Öl gedeckt wurde. Dieser Goldstandard wurde allmählich aufgelöst. Weil beispielsweise die Goldreserven im Ersten Weltkrieg nicht ausgereicht haben, um die Kriegskosten zu finanzieren, wurde kurzerhand das Papiergeld vom Goldpreis entkoppelt.

Alle Währungen heutzutage sind ungedeckte Währungen. Sie werden auch **Fiat-Währungen** genannt.

Welche Eigenschaften besitzt diese neue, ungedeckte Währung?

Das Geld ist immer noch genauso transportabel und teilbar wie zuvor. Jedoch kann das Geld von den Menschen, die für die Kontrolle der Geldpresse verantwortlich sind, beliebig vermehrt werden. Diese Aufgabe übernehmen die Zentralbanken.

Druckt eine Zentralbank pro Jahr 10 % neue Geldscheine, ohne dass alte Geldscheine vernichtet werden, ist jeder bisherige Geldschein nur noch circa 90 % wert. Natürlich ändert sich nicht der Wert auf dem Geldschein selbst. Ein 10-€-Geldschein wird für immer ein 10-€-Geldschein bleiben. Allerdings nimmt die Kaufkraft, also das, was wir für unser Geld bekommen, ab. Als Resultat ziehen die Preise für Lebensmittel, Immobilien oder Sachwerte nach.

Das muss nicht automatisch schlimm sein – solange sich auch der Lebensstandard anpasst. Im Optimalfall gleichen steigende Gehälter diesen Effekt aus.

In jedem Fall sehen wir, dass die Eigenschaft der Wertaufbewahrung allein von einer zentralen Einheit gesteuert wird. Dieser vertrauen wir, dass sie ihre Macht über das Geldsystem sinnvoll einsetzt. Solange sie dies auch tut, ist dem ungedeckten Fiat-Geldsystem wenig entgegenzusetzen. Soweit die Theorie.

Wie sieht diese theoretische Betrachtung nun aber in der Realität aus?

Auch wenn das Geldmonopol sinnvoll eingesetzt wird, bleibt ein großes Problem immer bestehen: das Vertrauen in eine zentrale Einrichtung wie den Staat und die Zentralbanken.

Wir müssen darauf vertrauen, dass das, was wir als Geld verwenden, auch von anderen Menschen als Geld akzeptiert wird, und dass wir andere Waren als Gegenleistung bekommen.

Ist dies nicht der Fall, bleiben wir auf der Währung sitzen und sie ist wertlos. Woher kommt also das Vertrauen, dass unsere Währung, sprich unsere Euros, Schweizer Franken oder Dollars, auch morgen oder in zehn Jahren noch von anderen Teilnehmern im Geldsystem akzeptiert werden? Denn durch die Aufgabe des Goldstandards ist die Deckung durch Gold nicht mehr gegeben.

Dass wir morgen mit unseren Euroscheinen im Supermarkt Lebensmittel kaufen können ist doch selbstverständlich, oder?

Ja und Nein. Für dieses System ist eine zentrale Einrichtung vonnöten, die sicherstellt, dass wir für die bunten Scheine, die wir als Geld verwenden, auch den entsprechenden Gegenwert erhalten. Diese Aufgabe übernehmen der **Staat** und die **Zentralbanken**, die über das Geld wachen. Wir vertrauen also darauf, dass uns die Bank für unseren 10-€-Schein auch wirklich 10 € „weggelegt" hat.

In stabilen Zeiten funktioniert dieses zentralisierte Bankensystem wunderbar. Wenn jedoch eine Krise aufkommt, und das Vertrauen in den Staat schwindet, dann schwindet oftmals gleichzeitig das Vertrauen in die Währung.

Es gibt eine direkte Korrelation zwischen der **Stabilität einer Regierung** und dem **Wert der Währung.**

Negativbeispiele gab es in der Vergangenheit zuhauf, beispielsweise die Griechenlandkriese, im Rahmen derer die Menschen in Scharen zu den Geldautomaten gerannt sind, aber ihr eigenes Geld nicht abheben durften.

Ein anderes Beispiel ist die Wirtschaftskrise in Venezuela, bei der das Vertrauen in die Regierung und die Währung beinahe vollkommen verloren ging, woraus im Jahr 2018 laut dem Internationalen Währungsfonds eine **Inflationsrate von über 130.000 %** resultierte. Als Folge sicherten sich die Menschen durch Güter wie Öl, Dollar oder Kryptowährungen ab.

Letzteres Beispiel zeigt uns auch in der Realität das große Problem aller Fiat-Währungen auf: Dadurch, dass sie nicht mehr gedeckt sind und durch eine zentrale Verwaltungsstelle in beliebigen Massen gedruckt werden können, ist die Währung nicht vor Inflation geschützt. Die Europäische Zentralbank (EZB), die amerikanische Notenbank (FET) oder die Schweizer und japanische Notenbank können theoretisch von heute auf morgen Milliarden an neuem Geld erzeugen. Und das wird auch so gehandhabt! Prinzipiell ist Inflation nicht automatisch gut oder schlecht. Ökonomen streiten sich darüber, ob eine leichte Inflation das Wirtschaftswachstum hochhält und ob dies auch mit einer deflationären Währung möglich wäre.

Auch die Ausgabe von Geldern bzw. das Aufnehmen von Schulden ist per se nicht verwerflich, sondern sorgt für Wachstum.

Kredite sind in einem gesunden Wirtschaftskreislauf eines der effektivsten Mittel zur Stärkung der Wirtschaft. Wenn ein Unternehmer sich Geld leiht, um neue Arbeitsplätze zu erschaffen, und das Geld in einigen Jahren mit Zinsen zurückzahlt, hat das für alle Beteiligten im System einen positiven Effekt: sowohl für die Arbeiter, die ihre Familien ernähren können, für das Unternehmen, das expandieren kann, für die Konsumenten, die Produkte erwerben können, als auch für die Bank, die auf ihr Kapital Zinsen bekommt.

Leider wurde in der Vergangenheit nicht in starke Unternehmen investiert, sondern in marode Staaten.

Es ist Fakt, dass in den letzten Jahren Milliarden an neuen Geldern gedruckt wurden, um Staatsanleihen von verschuldeten Staaten wie Italien oder Griechenland zu kaufen. Diesem neuen Geld steht kein Gegenwert in Form der Wirtschaftsleistung eines Landes entgegen. Diese Staaten setzen das Geld nicht sinnvoll ein, sondern verbrennen es, und sorgen lediglich dafür, dass mehr Geld im Umlauf ist. Dies wiederum entwertet die Kaufkraft des restlichen Geldes.

Als Beispiel sehen wir die absolute Geldmenge der USA in den letzten 25 Jahren.

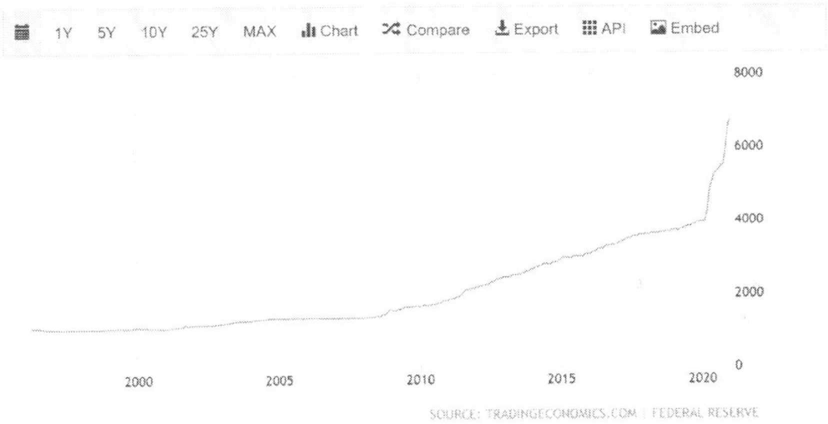


*Abbildung 1 Entwicklung der Absoluten Geldmenge in den USA*

**Allein im Jahr 2020 wurde ein Drittel des kompletten Geldes gedruckt.**

Ob das gesund und nachhaltig sein wird, ist immer erst rückwirkend festzustellen. Viele Ökonomen kritisieren diese Entwicklung und sehen darin eher ein Verschieben des Problems als ein Beheben des Grundproblems.

Ein weiteres Problem des aktuellen Geldsystems ist das Bankensystem an sich. Dieses System ist verbunden mit langsamen und nicht zeitgemäßen Strukturen.

Obwohl wir im digitalen Zeitalter angekommen sind, dauert es immer noch zwei Werktage, bis eine Überweisung getätigt wurde, ins Ausland gerne noch länger, und übers Wochenende werden gar keine Transfers abgewickelt. Der Umweg über einen Mittelsmann dauert immer länger als der direkte Tauschhandel.

Technisch gesehen sind schnellere Transaktionen jedoch durchaus leicht möglich.

Und genau dieses Konzept hat Firmen wie **PayPal** oder **Sofort-Überweisungen** so erfolgreich gemacht.

Auch die Strukturen, beispielsweise bei der Kreditvermittlung mit mehreren Mittelsmännern, sind weder effektiv noch kosten- oder zeitsparend.

An dieser Stelle ist zu erwähnen, dass Banken dieses Problem selbst erkannt haben und Echtzeit-Überweisungen immer mehr etabliert werden.

Die angesprochenen Probleme haben, bedingt durch die Digitalisierung des Geldes, in den letzten Jahren noch weitaus größere Ausmaße angenommen.

## 2.4. Digitalisierung des Geldes

Die Digitalisierung des Geldes bringt zunächst auch viele Vorteile mit sich. So sparen wir beispielsweise enorme Lagerkosten und können das Geld schneller und leichter verschieben. Außerdem können wir es beliebig teilen. Digital können wir aus 50 € Guthaben 20 € versenden und 30 € behalten, während wir einen 50-€-Schein nicht in 2x 20 € und 1x 10 € teilen können.

Auch ist die Vermehrung des Geldes einfacher geworden. Möchte eine Zentralbank neues Geld drucken, müssen keine großen Gelddruckereien angeschmissen werden. Es müssen keine Geldtransporter anfahren, um das Geld zu verteilen. Auch Druckertinte muss nicht gezahlt werden. Mit wenigen Mausklicks am PC kann innerhalb von Sekunden Geld in Milliardenhöhe aus dem Nichts erschaffen werden.

Die Verbindung aus zentralen Strukturen, die Geldmonopole bilden, und der Digitalisierung hat die Vermehrung und Entwertung von Geld vereinfacht.

In all den Punkten wie **Vertrauen, Zentralisierung** und **veralteten Strukturen** setzen die **Kryptowährungen** an. Sie lösen diese Probleme durch eine einfache, aber geniale Substitution.

Kryptowährungen beruhen auf **Mathematik**. 2+2 = 4. Wir müssen keine Angst haben, dass morgen 2+2= 5 sein könnte.

Kryptowährungen sind weiterhin dezentral aufgebaut. Das bedeutet, dass die Daten nicht auf einem Server gespeichert sind, sondern auf einem verteilten Netzwerk, das aus Tausenden Rechnern besteht.

Bevor wir uns Kryptowährungen, Bitcoin und die Blockchain-Technologie im Detail anschauen, betrachten wir die Grundlagen der Kryptografie. Auf diesen Grundlagen und Algorithmen basiert die komplette Blockchain-Technologie. Die Kryptografie lässt uns die genialen Mechanismen hinter den Kryptowährungen verstehen. Keine Sorge: Der komplette Exkurs wird sehr einfach gehalten, sodass er leicht verständlich bleibt.

## 2.5. Grundlagen Kryptographie

Die **Kryptographie** ist eine Wissenschaft, die sich mit der Verschlüsselung und der Erschaffung von **Kryptosystemen** beschäftigt. Eine Kryptowährung ist eine **digitale Währung**, die als Grundlage ein Kryptosystem, also verschiedene Verschlüsselungsalgorithmen, besitzt.

Durch bekannte, erprobte Verschlüsselungsalgorithmen werden Transaktionen verschlüsselt, durchgeführt und bestätigt. Wir schauen uns die einzelnen Schritte einmal systematisch an und beginnen damit, wie eine Nachricht überhaupt verschlüsselt werden kann.

Dass eine gute Verschlüsselung als sicher gilt und eines der wenigen Mittel ist, die im Kampf gegen Hacker oder böswillige zentrale Institute bleibt, hat auch der bekannte Whistleblower **Edward Snowden** erkannt.

*„Die Verschlüsselung funktioniert. Richtig implementierte starke Kryptosysteme sind eines der wenigen Dinge, auf die wir uns verlassen können". - Edward Snowden*

Mit dem Vormarsch der Digitalisierung wurden Verschlüsselungsalgorithmen unabdingbar, den die **Integrität** von Daten ist essenziell für eine Kommunikation über Kontinente hinweg.

**Datenintegrität** sagt aus, dass wir sicher sein können, dass die Daten, die wir erhalten, unverfälscht ankommen. Das bedeutet, dass sie niemand auf dem Weg ändern, abgreifen oder löschen kann.

Um das sicherzustellen, verwenden alle Kommunikationssysteme wie das Internet, Mobilfunk oder auch Sensoren in Industrieanlagen **Verschlüsselungsalgorithmen**. Aber wie funktioniert Verschlüsselung überhaupt und welche Arten von Verschlüsselungen gibt es?

Zur Beantwortung dieser Fragen gilt es, zunächst einige Begrifflichkeiten und Ziele der Verschlüsselung zu definieren. Wir betrachten nun ein Modell, das in der Kryptografie häufig herangezogen wird.

Zwei Personen, nennen wir sie **Alice** und **Bob**, möchten verschlüsselt miteinander kommunizieren. Dazu verfasst Alice eine **Nachricht im Klartext**. Das bedeute, dass die Nachricht für jedermann lesbar ist.

Das oberste Ziel der Verschlüsselung ist die **Geheimhaltung** der Nachricht, also dass sie nicht auf dem Weg ausgelesen werden kann. Daher kann Alice die Nachricht nicht einfach im Klartext losschicken, sondern muss sie mittels eines

Verfahrens verschlüsseln, sodass die Nachricht unleserlich wird. Bob hingegen kann die Nachricht entschlüsseln und erhält den Klartext zurück. Aber wie kann man eine Nachricht verschlüsseln? Ein simples, aber unsicheres Verfahren ist das sogenannte **Cäsar Verschiebechiffre** bzw. die **Cäsar Verschlüsselung**. Dabei werden alle Buchstaben des Klartextes um eine bestimmte Zahl im Alphabet verschoben. Als Beispiel verschieben wir jeden Buchstaben um drei Stellen im Alphabet nach hinten. Aus dem A wird ein D, aus dem B ein E und so weiter:

| | | | | | | | | | | | | | | |
|---|---|---|---|---|---|---|---|---|---|---|---|---|---|---|
| **Buchstabe** | A | B | C | D | E | F | G | H | I | ... | V | W | X | Y | Z |
| **Buchstabe+3** | D | E | F | G | H | I | J | K | I | ... | Y | Z | A | B | C |

Die Zahl Drei wird dabei als **Schlüssel** bezeichnet, da mithilfe dieser Zahl und dem Algorithmus aus dem Klartext eine verschlüsselte Nachricht entsteht.

Wenn Alice beispielsweise die Nachricht „Bitcoin ist klasse!" mit dem **Schlüssel Drei** verschlüsselt, entsteht die Nachricht „Elwfrlq lvw nodvvh!"

*(Das kannst du gerne nachprüfen!)*

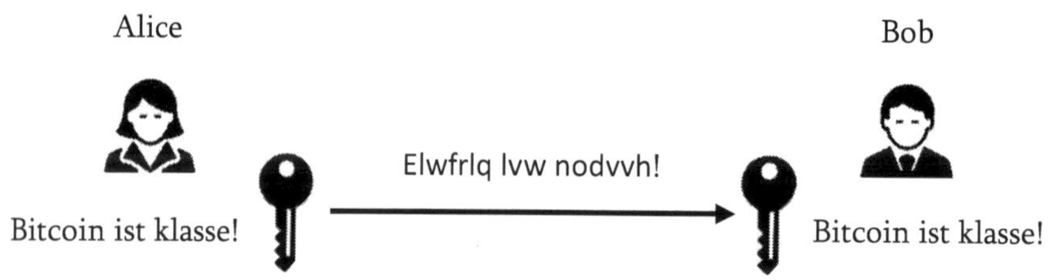


*Abbildung 2 Symmetrische Verschlüsselung einer Nachricht*

Die Nachricht wird verschlüsselt übertragen. Bob empfängt die Nachricht und entschlüsselt die Nachricht, indem er alle Buchstaben **um Drei Stellen zurückschiebt**.

Dafür muss Bob wissen, welches Verfahren zur Verschlüsselung verwendet werden soll und was der Schlüssel ist (in unserem Fall das Cäsar Verschiebechiffre und die Zahl Drei). Diese Informationen müssen vorher bekannt sein, also beispielsweise bei einem persönlichen Treffen vereinbart worden sein.

Dass das Verfahren sehr unsicher ist, liegt auf der Hand, denn es gibt maximal **26 verschiedene Buchstaben** im Alphabet, und somit lediglich **26 verschiedene Schlüssel**, mithilfe derer die Nachricht verschlüsselt werden kann. Ein Hacker müsste also maximal 26 Versuche unternehmen, um die Verschlüsselung zu knacken.

Das Cäsar Verschiebechiffre ist ein Beispiel für ein **symmetrisches Verschlüsselungsverfahren**. Symmetrisch bedeutet, dass sowohl für die Verschlüsselung als auch für die Entschlüsselung der gleiche Schlüssel verwendet wird. Dafür müssen beide Parteien den Schlüssel austauschen, ohne dass eine dritte Person davon erfährt.

Ein anderes System, das für uns noch von großer Bedeutung sein wird, ist die asymmetrische Verschlüsselung.

## 2.6. Asymmetrische Verschlüsselung

Bei einem **asymmetrischen Verschlüsselungsverfahren** wird nicht der gleiche Schlüssel für Ver- und Entschlüsselung verwendet, sondern **zwei verschiedene Schlüssel**. Mit einem Schlüssel wird die Nachricht verschlüsselt, mit dem anderen wird die Nachricht entschlüsselt.

Der Schlüssel, der zur Verschlüsselung verwendet wird, kann dabei offen zugänglich sein. Er muss nicht geheim gehalten werden und wird deshalb auch als **öffentlicher Schlüssel,** engl. **Public Key** bezeichnet. Der Schlüssel zur Entschlüsselung hingegen muss geheim gehalten werden. Er wird als **privater Schlüssel** oder **Private Key** bezeichnet.

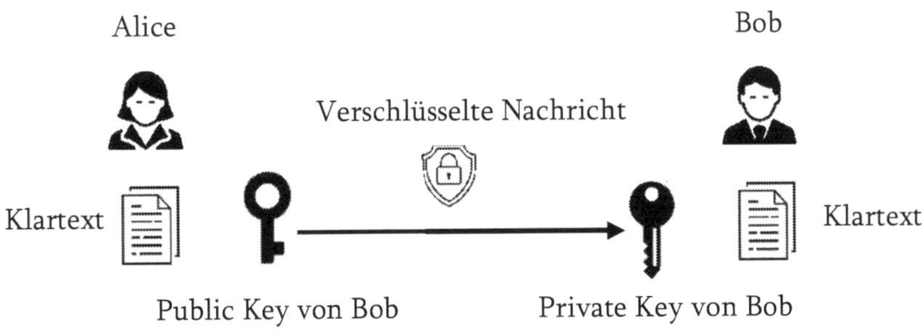


*Abbildung 3 Asymmetrische Verschlüsselung einer Nachricht*

Für diese Art der Verschlüsselung benötigen wir jedoch eine Funktion, die nicht in beide Richtungen gleich leicht zu lösen ist.

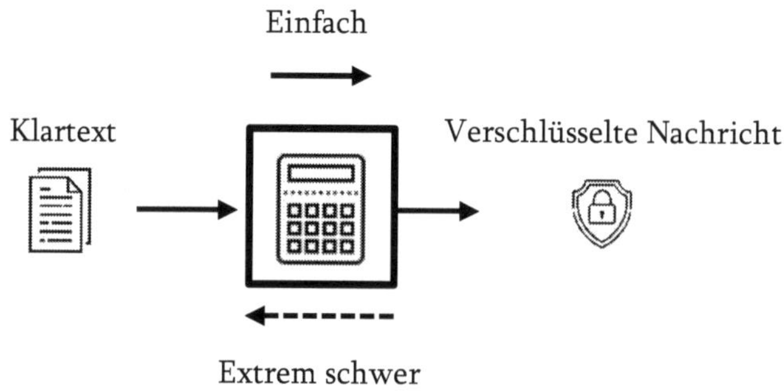


*Abbildung 4 Funktion einer mathematischen Einwegfunktion*

Der öffentliche Schlüssel und der private Schlüssel hängen über mathematische Funktionen zusammen. Es ist jedoch nicht möglich, von dem öffentlichen Schlüssel auf den privaten Schlüssel zurück zu schließen.

Wir können nicht ohne Weiteres mithilfe des Ausgangs der Funktion auf den Eingang der Funktion schließen, andersherum jedoch schon.

Als einfaches Beispiel nehmen wir die Funktion $2^4 = 2 \cdot 2 \cdot 2 \cdot 2 = 16$.

Diese Gleichung ist relativ simpel zu lösen. Auf dem Rückweg hingegen müsste die vierte Wurzel gezogen werden: $\sqrt[4]{16} = 2$. Das ist schon etwas komplizierter als die reine Multiplikation. Für die asymmetrische Verschlüsslung werden komplexere Funktionen und riesige Zahlen verwendet.

Diese mathematischen Funktionen sind hochkomplex und würden den Rahmen dieses Buches sprengen.

In der Mathematik spricht man in diesem Fall von einem **schweren Problem**. In unserem Kontext ist lediglich wichtig zu verstehen, dass Private Key und Public Key nicht unabhängig voneinander sind, sondern dass der Public Key mit dem Private Key zusammenhängt.

Wir werden uns im Laufe dieses Buches noch ein konkretes Beispiel anschauen, jedoch aufgrund des Buchumfangs nicht die vollständigen Hintergründe oder gar die mathematischen Beweise.

Das waren bereits die Grundlagen der Geheimhaltung bzw. der Vertraulichkeit mittels Verschlüsselungsverfahren. Nun wissen wir, wie aus einer Nachricht im Klartext eine verschlüsselte Nachricht entsteht.

Zusammenfassung:

**Public Key:** Öffentlicher Schlüssel, frei zugänglich. Mit diesem wird die Nachricht verschlüsselt.

**Private Key:** Privater Schlüssel, muss geheim gehalten werden. Mit diesem wird die Nachricht entschlüsselt.

Private Key und Public Key hängen über komplexe mathematische Funktionen zusammen.

Als Nächstes stellen wir uns die Frage, wie wir sichergehen können, dass Alice auch wirklich der Absender der Nachricht ist und dass die verschlüsselte Nachricht nicht auf dem Weg abgefangen und verändert wurde. Diese Aspekte werden unter dem Begriff **Integrität** bzw. **Authentizität** zusammengefasst.

Zur Sicherstellung der Integrität der Nachricht kann Alice die Nachricht mit ihrem Private Key „verschlüsseln". Dieses Verfahren wird **Signieren** genannt.

Wir können uns das digitale Signieren vorstellen wir ein mittelalterliches Briefsigel.

*Abbildung 5 Signierung im Mittelalter*

Ein versiegelter Brief beweist, dass er noch nicht geöffnet wurde und dementsprechend nicht verfälscht worden sein kann. Das Sigel wiederum bestätigt, dass eine bestimmte Person, beispielsweise der damalige König, diesen Brief abgeschickt haben muss.

Die „verschlüsselte" Nachricht stellt eine **digitale Signatur** dar. Bob hingegen kann den öffentlichen Schlüssel von Alice heranziehen und die Nachricht entschlüsseln. Da nur Alice ihren privaten Schlüssel besitzt, muss die Nachricht folglich von Alice gekommen sein.

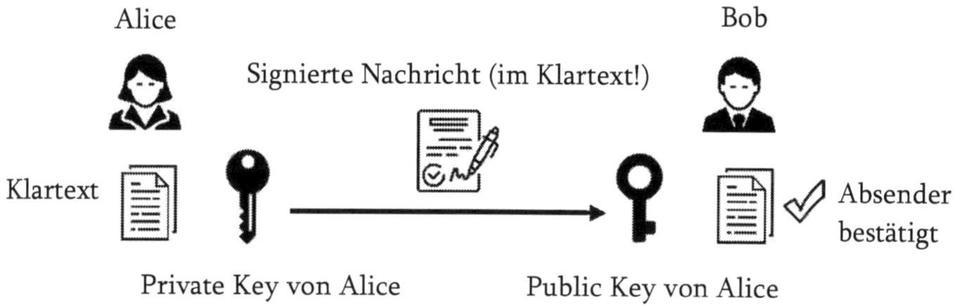


*Abbildung 6 Digitale Signatur einer Nachricht*

Die Signatur an sich stellt **keine** Verschlüsselung dar. Schließlich ist der öffentliche Schlüssel für jedermann zugänglich. Jeder kann prüfen, ob die Nachricht von Alice kam oder nicht. Möchten wir die Nachricht sowohl verschlüsseln als auch signieren, müssen wir beides **kombinieren**.

Alice verschlüsselt die Nachricht mit Bobs Public Key, sodass nur Bob die Nachricht entschlüsseln kann. Anschließend signiert Alice die bereits verschlüsselte Nachricht mit ihrem Private Key.

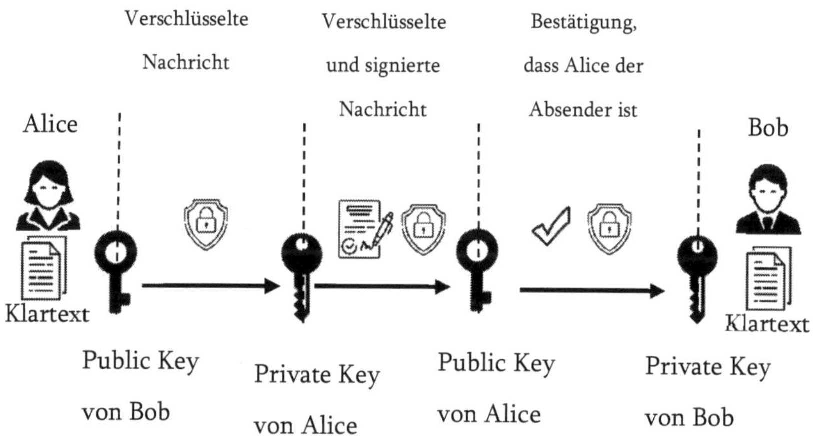


*Abbildung 7 Digitales Signieren und anschließendes Verschlüsseln einer Nachricht*

Wenn Bob die Nachricht empfängt, kann er mit Alice' Public Key bestätigen, dass die Nachricht von Alice kam. Den Inhalt erhält er, indem er die Nachricht mit seinem Private Key entschlüsselt.

Damit haben wir bereits die Grundlagen der asymmetrischen Verschlüsselung und der digitalen Signaturen erörtert.

Im nächsten Schritt schauen wir uns die Algorithmen an, die zur **Verifizierung** verwendet werden. Diese übernehmen die Funktion eines „Aufpassers“ und bestätigen, dass beispielsweise im Falle von Bitcoin, eine Transaktion, also das Hin-und-her-Schicken von Bitcoins, regelkonform abgelaufen ist.

In einem zentralen System übernimmt die zentrale Einheit (beispielsweise eine Bank), die Funktion des Aufpassers. Die Bank prüft, ob wir genug Geld auf dem Konto haben, ob das Geld an eine gültige Adresse geleitet wird usw. In einem dezentralen System gibt es keine Einheit, die diese Funktionen übernimmt. Deshalb benötigen wir kryptografische Algorithmen.

Es gibt heutzutage verschiedene Algorithmen, die verwendet werden. Diese werden auch **Hilfsfunktionen der Verschlüsselung** genannt.

Die Funktion bzw. der Algorithmus wird dabei als **Hashfunktion** oder **Hashing-Algorithmen** bezeichnet.

Hashfunktionen müssen verschiedene Eigenschaften aufweisen, die wir uns nun genauer anschauen. Die meisten haben wir bereits kennengelernt.

Hashfunktionen sind **Einwegfunktionen**. Das bedeutet, dass das Ausrechnen des Ausgangs der Funktion simpel ist. Es ist jedoch nahezu unmöglich, den Eingang mithilfe des Ausgangs zu bestimmen. Hashfunktionen werden als Hilfsfunktionen bei Kryptowährungen verwendet.

Verschiedene Kryptowährungen bauen auf verschiedenen Algorithmen auf. Wir schauen uns beispielhaft den Algorithmus an, der Bitcoin zugrunde liegt.

Bei Bitcoin gibt es zwei Algorithmen. Ein Algorithmus generiert uns aus unserem Private Key unseren Public Key. Der andere Algorithmus ist für die Sicherheit des Netzwerks und der abgespeicherten Transaktionen zuständig.

Bitcoin verwendet zur Generierung des Public Keys unter anderem eine **elliptische Kurve** mit der Funktionsgleichung $y^2 = x^3 + 7$.

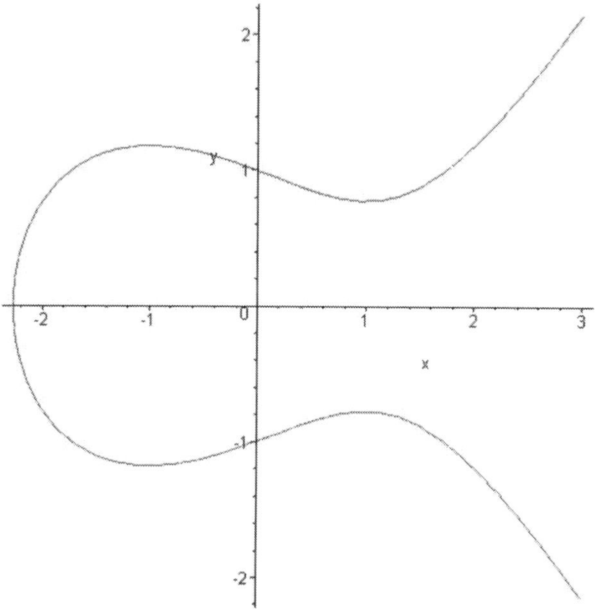

*Abbildung 8 Schaubild einer elliptischen Kurve*

Diese komplexe Einwegfunktion erstellt mithilfe unseres Passwortes (Private Key) einen öffentlichen Schlüssel, aus dem wiederum unsere Bitcoin-Adresse abgeleitet werden kann. Wie das in der Praxis umgesetzt wird, schauen wir uns später genauer an. Zunächst befassen wir uns mit dem Algorithmus, der für die Sicherheit der Blockchain zuständig ist.

Es handelt sich um den **SHA256-Algorithmus**. SHA steht für *Secure Hash Algorithm*. Die Funktion ist aus Anwendersicht relativ simpel.

Der SHA256-Algorithmus garantiert die Sicherheit von Bitcoin. Wir werden uns später noch genauer ansehen, wie Bitcoin den Algorithmus implementiert. Die Anwendung des Algorithmus ist stets gleich:

Wir übergeben der Funktion einen **Klartext.** Innerhalb der Funktion werden die Buchstaben in **mehreren Stufen** verschoben, vertauscht, komprimiert oder ergänzt.

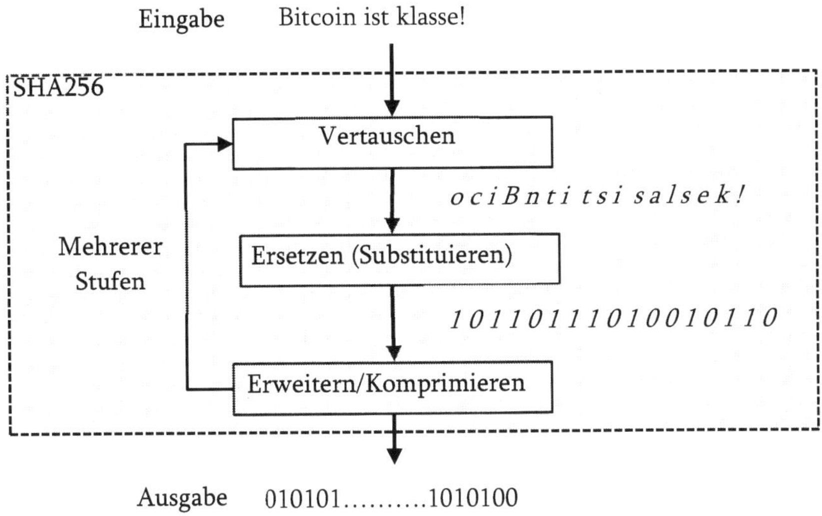


*Abbildung 9 Abfolge einer Hashfunktion*

Wie wir die Buchstaben verschieben, komprimieren müssen, etc., ist vom SHA256-Algorithmus fest vorgegeben.

Nach etlichen Stufen erhalten wir als Ausgabe eine „verschlüsselte Nachricht". Der Ausgang der SHA256-Funktion wird als **Hash** bezeichnet. Die deutsche Übersetzung, die dem Wort am nächsten kommt, ist die Bezeichnung als **Prüfsumme**, **Kontroll-** oder **Sicherheitszahl**. Dabei kommt es jedoch stark auf den Kontext an.

Die Durchführung bzw. Anwendung einer Hashing-Funktion ist vergleichbar mit der Anwendung einer Funktion auf eine Variable, wie sie aus dem Schulunterricht bekannt sind. Theoretisch können wir auf einem Blatt Papier und einem Bleistift den SHA256-Hash eines Textes berechnen.

*Abbildung 10 Berechnen eines SHA256-Algorithmuses mit Papier und Stift*

*Quelle: https://www.youtube.com/watch?v=y3dqhixzGVo&ab_channel=KenShirriff*

Die Zahl 256 des Hashing-Algorithmus gibt dabei die Länge des Ausgangs, also der berechneten, verschlüsselten Nachricht, an. Die ausgegebenen Zeichen werden als **Bits** bezeichnet und können nur Eins oder Null sein.

Der Ausgang des SHA256-Algorithmus ist immer **genau** 256 Bit lang. Es ist unerheblich, ob der Eingang aus einem einzelnen Zeichen besteht oder aus Hunderttausenden.

Der Eingang einer Hashfunktion ist beliebig groß, der Ausgang ist davon unabhängig und stets konstant, im Fall von SHA256 ist er genau 256 Bit lang.

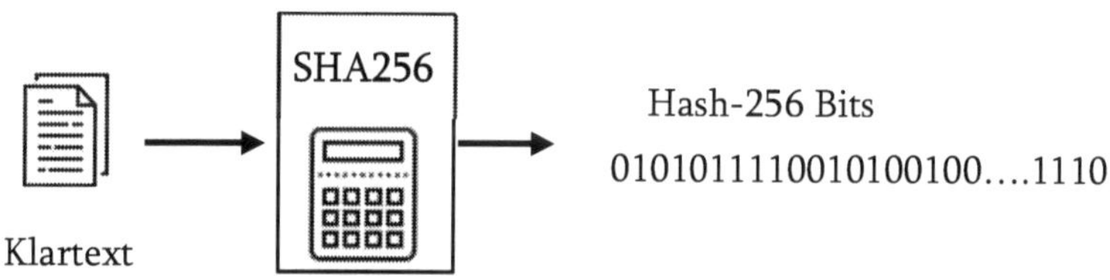


*Abbildung 11 Vereinfachte Darstellung der SHA256-Hashfunktion*

Da die Nachricht lediglich aus 1 und 0 besteht, ist sie weder leserlich, noch folgt sie einem System.

Oftmals werden für eine bessere Übersichtlichkeit jeweils vier dieser Bits zusammengefasst und als Zahl oder Buchstaben dargestellt. Die Zeichenkette verkürzt sich dann zu 80 oder 64 statt 256 Zeichen.

Die Hashing-Algorithmen sind frei zugänglich. Jeder kann sie sich auf den Computer laden und das Ergebnis bestätigen.

Als Beispiel verschlüsseln wir wieder unsere Nachricht „Bitcoin ist klasse!". Der entstandene Hash, dargestellt als Zeichenkette (64 Zeichen), sieht wie folgt aus:

*„d75c79bd1c2807154411c6aafbcaf8ccf9cd81b6ae63ee48bb141000e39213e0"*

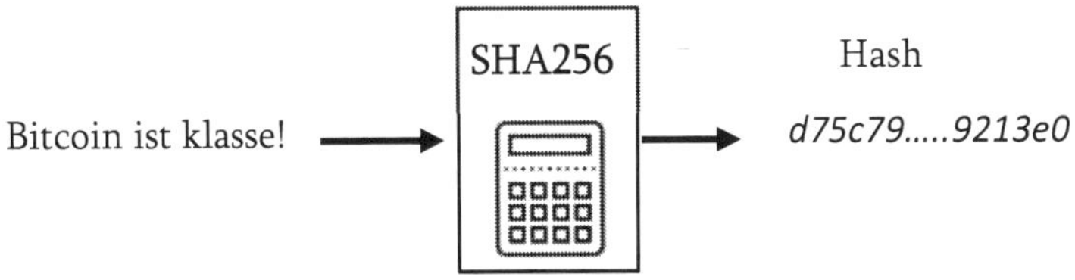


*Abbildung 12 Anwendung der SHA256-Hashfunktion*

Wir erkennen, dass wir anhand der Hashes keine Rückschlüsse auf die ursprüngliche Nachricht ziehen können.

Außerdem ist es wichtig, dass wenn wir nur ein Zeichen unserer Nachricht ändern, sich der entstandene Hash nicht nur leicht, sondern fundamental ändert.

Ändern wir beispielsweise nur die Schreibweise des Wortes Bitcoin zu Bit-coin, erhalten wir verschiedene Hashes.

*„Bitcoin ist klasse!"* ergibt den bereits bekannten Hash.

*„d75c79bd1c2807154411c6aafbcaf8ccf9cd81b6ae63ee48bb141000e39213e0"*

*„Bit-coin ist klasse!"* ergibt hingegen den Hash

*„8b8b302aeddc97b6d9cb9f6087df8137f123e78540585e58aca5e5e494925efd"*.

Die Hashing-Algorithmen sind, wie bereits erwähnt, offen zugänglich, und jeder kann einsehen, wie sie funktionieren. Aufgrund der Komplexität ist es jedoch nicht möglich, vom Ausgang auf den Eingang zu schließen.

Wie eine Hashfunktion verwendet wird, sehen wir uns anhand des Speicherns von Passwörtern an.

Wenn wir in unserem PC, unserem E-Mail-Konto oder dem Online-Shop unserer Wahl ein neues Passwort festlegen, wäre es sehr unsicher, wenn die Passwörter im Klartext auf den Servern der Anbieter gespeichert werden.

Stattdessen erzeugt der PC einen Hash des Passworts und speichert diesen ab.

Bei einer Passwort-Abfrage wird wiederum das eingegebene Passwort in einen Hash umgewandelt. Entspricht er dem abgespeicherten Hash, ist das Passwort korrekt, anderenfalls war das eingegebene Passwort nicht das gleiche.

Jetzt verstehen wir auch, warum wir das Passwort von unserem Anbieter nicht im Klartext bekommen können. Er besitzt nicht das Passwort selbst, sondern lediglich den Hash des Passwortes, durch den man allerdings keine Rückschlüsse auf das Passwort ziehen kann. Wenn wir unser Passwort vergessen haben, können wir es nur zurücksetzen, es uns aber nicht anzeigen lassen.

Wenn ein Hacker den Server des Providers angreift, kann er im Optimalfall nur den Hash stehlen, nicht aber das Passwort im Klartext.

Damit garantieren Hashing-Algorithmen einen gewissen Grad an Sicherheit. Weiterhin können Hashing-Algorithmen bei der Sicherstellung der bereits angeschnittenen **Integrität** helfen.

Wenn wir sichergehen möchten, dass eine Nachricht nicht verfälscht wurde, können wir den Absender bitten, die Nachricht in einen Hash umzuwandeln und öffentlich bereitzustellen. Der Hash passt nur zu dieser Nachricht. Wenn wir nur einen Buchstaben ändern, ändert sich der Hash komplett unvorhersehbar.

Anhand der Hashes kann niemand die Nachricht entschlüsseln, denn das Zurückrechnen der Hashing-Funktion ist nahezu unmöglich.

Wir können jedoch die empfangene Nachricht ebenfalls in einen Hash umwandeln und mit dem öffentlichen Hash vergleichen. Wenn die Nachricht verändert wurde, stimmen die Hashwerte nicht mehr überein.

An dieser Stelle beenden wir die Einführung in die Kryptografie. Wir haben bereits alle Aspekte kennengelernt, die wir als Hintergrund für das Verständnis von Bitcoin und Co benötigen. Vor allem die Hashing-Algorithmen werden noch von großer Bedeutung sein, denn wie bereits erwähnt, bilden Hashing-Algorithmen die Basis, auf denen Kryptowährungen aufbauen. Auch das Verständnis von Private und Public Key ist essenziell.

# 3. Die Entstehung des Bitcoins

In diesem Kapitel wird die Technologie der Blockchain und Bitcoins erklärt. Das hier gewonnene Wissen bildet die Grundlage für das Verständnis der weiteren Kapitel.

Teilweise werden die Abschnitte sehr technisch. Obwohl es für das allgemeine Verständnis und die weiteren Kapitel des Buches nicht notwendig ist, ist es sinnvoll, diese Details vollkommen durchleuchtet zu haben. Zum besseren Verständnis werden häufig vereinfachte Analogien herangezogen.

Im ersten Kapitel haben wir die Nachteile des Geldsystems besprochen: Zentralisierung, das Machtmonopols der Zentralbanken, Zensur und Inflation.

Nach der Finanzkrise 2008 hat eine Person, die unter dem Pseudonym **Satoshi Nakamoto** bekannt ist, eine **digitale, dezentrale** und **begrenzte Währung** erschaffen: den **Bitcoin**. Es ist bis heute ungeklärt, wer Satoshi Nakamoto wirklich ist. Viele Menschen behaupteten, der Erfinder Bitcoins zu sein, allerdings konnte dies noch niemand beweisen (obwohl das eigentlich sehr einfach ist, wie wir später noch sehen werden).

*Abbildung 13 Satoshi Nakamoto. Bis heute weiß niemand, wer der Erfinder des Bitcoins ist*

Auch wird vielfach vermutet, dass Satoshi Nakamoto keine einzelne Person, sondern eine ganze Gruppe von Programmierern war. Verschwörungstheoretiker hingegen sind sich sicher, dass Bitcoin von der US-Regierung verbreitet wurde, um eine digitale Währung zu testen, bevor eine offizielle staatliche, digitale Währung eingeführt wird, um die Bürger noch gläserner zu machen, als sie ohnehin schon sind.

## 3.1. Bitcoin mBTC und Satoshi – Die Währungseinheiten

Der Name Bitcoin setzt sich zusammen aus „Bit" (der Einheit in der ein Computer rechnet) und „Coin" (Englisch für „Münze").

Die Einheit dieser Währung wird ebenfalls Bitcoin genannt und mit **BTC** abgekürzt. Wenn die Rede von digitalem Geld allgemein, also von verschiedenen Kryptowährungen, und nicht speziell von Bitcoin ist, wird oft der allgemeine, englische Begriff **Coins**, zu Deutsch *Münzen*, verwendet.

Ähnlich wie es beim Euro noch Euro-Cents gibt, gibt es auch bei Coins und Bitcoin kleinere Einheiten. Bei Bitcoin werden die kleineren Teileinheiten nach dem Erfinder benannt. Ein Bitcoin besteht aus **100 Millionen Satoshii**. Bei anderen Kryptowährungen haben diese entsprechend andere Bezeichnungen.

Eine weitere Einheit des Bitcoin-Ökosystems ist der **Milli-Bitcoin**. Dieser stellt ein Tausendstel eines Bitcoins dar. Eine kurze Übersicht über die Zusammenhänge von BTC, mBTC und Satoshi:

| | | | | |
|---|---|---|---|---|
| 1 BTC | = | 1000 mBTC | = | 100.000.000 Satoshi |
| 1 mBTC | = | 0,001 BTC | = | 100.000 Satoshi |
| 1 Satoshi | = | 0,00001 mBTC | = | 0,00000001 BTC |

Der Bitcoin ist in 100 Millionen kleinere Einheiten teilbar. Dies wird vor allem für die **Massenadaption** von großem Vorteil sein.

Massenadaption bedeutet, dass die Technik von einem Großteil der Bevölkerung verwendet werden kann, auch von denjenigen, die nicht das nötige Geld für einen kompletten Bitcoin aufbringen können.

Im Oktober 2018 wurde das **White Paper** Bitcoins veröffentlicht. Ein White Paper ist ein Dokument, das sich an die Öffentlichkeit richtet und das eine Übersicht über das Vorhaben, den Nutzen und die Ziele der Technologie beinhaltet.

Schauen wir uns einen Auszug aus dem Original Bitcoin-White Paper einmal genauer an. Das White Paper kann unter bitcoin.org sowohl im englischen Original als auch die deutsche Übersetzung eingesehen werden.

**Bitcoin: Ein elektronisches Peer-to-Peer-Bezahlsystem**

Satoshi Nakamoto

satoshin@gmx.com

www.bitcoin.org

*Eine reine **Peer-to-Peer-Version** eines elektronischen Zahlungsverfahrens würde es ermöglichen, dass Online-Zahlungen von einer Partei direkt an eine andere gesendet werden, **ohne** über ein Finanzinstitut zu gehen.*

***Digitale Signaturen** bilden einen Teil der Lösung, aber die Hauptvorteile gehen verloren, wenn weiterhin eine vertrauenswürdige dritte Partei notwendig ist, um Double Spending (Mehrfachausgaben) zu verhindern.*

*Auszug Bitcoin-White Paper Originalfassung in Englisch auf bitcoin.org*

Die Vision des Projekts ist es, eine direkte, digitale Zahlung von Mensch zu Mensch zu realisieren, ohne dass dafür eine Bank oder ein anderes Finanzinstitut benötigt wird. Wir sehen auch, dass digitale Signaturen, wie wir sie im vorangegangenen Kapitel kennengelernt haben, ein Teil des Systems sind.

Der dazugehörige **Sourcecode** wurde wenig später veröffentlicht und ist auch heute noch einzusehen. Der Sourcecode einer Kryptowährung ist nichts anderes als der unveränderte Programmcode, eine Art **Bauplan des Programms**, der von Informatikern gelesen werden kann.

Der Sourcecode ist öffentlich zugänglich (Open Source). Er kann unter https://github.com/bitcoin/ eingesehen werden.

Ein weiterer Aspekt des Bitcoins ist die **Dezentralität**. Wir haben schon häufig die Begriffe Zentralität und Dezentralität verwendet, aber was bedeuten diese Begriffe überhaupt genau und worin genau besteht der Unterschied?

Dezentralität bedeutet, dass es nicht eine zentrale Institution wie eine Bank oder einen Staat gibt, der über ein System, beispielsweise die Geldmenge, wacht und theoretisch nach Belieben den Zugang zu seinen liquiden Mitteln verweigern kann.

Stattdessen bildet, wie im Beispiel von Bitcoin, ein riesiges Netzwerk aus Computern die Säulen des Bezahlsystems.

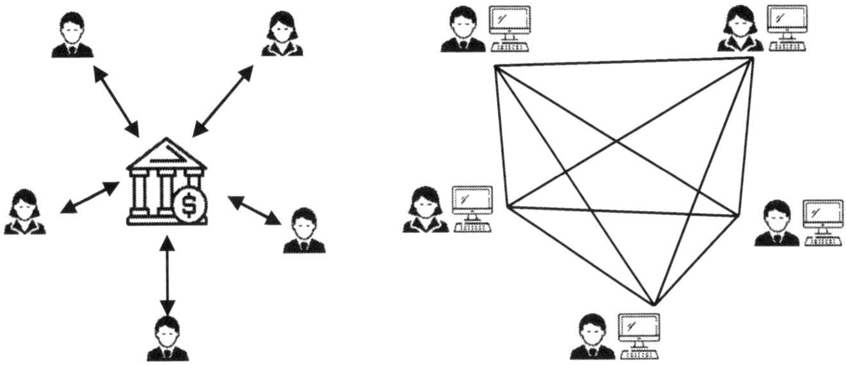

*Abbildung 14 Zentrale Struktur (links) und dezentrale Struktur (rechts)*

Durch die Digitalisierung und die Vernetzung des Internets ist es möglich, ein Netzwerk aufzuspannen, bei dem es keine zentralen Knoten mehr gibt, so auch bei Bitcoin.

Wir sehen, dass Bitcoin ein Projekt ist, bei dem wir digitale „Konten" eröffnen und uns gegenseitig Geld schicken können. Aber wie erstellt man ein Konto innerhalb eines Programms und was haben Begriffe wie Blockchain damit zu tun?

Eine **Blockchain** ist eine **Transaktionshistorie** in einem dezentralen System, die **vollständig** und **niemals veränderlich** ist. Jeder Teilnehmer des dezentralen Systems stimmt dieser Transaktionshistorie zu, sodass alle Transaktionen eindeutig definiert sind.

Der gesamte Speicherbedarf der Bitcoin-Transaktionshistorie beläuft sich momentan auf knapp **300 Gigabyte** (Stand Anfang 2021). Durch Speicherung der kompletten **Blockchain** auf einem Rechner erweitert man das dezentrale Netzwerk und stärkt das Netzwerk vor einer Übernahme.

Jeder, der möchte, kann sich die komplette **Transaktionshistorie** von Bitcoin oder einer beliebigen anderen Kryptowährung auf seinen Computer laden. Damit wird man selbst zu einem Knotenpunkt. Die Knotenpunkte werden als **Full-Nodes** bezeichnet.

Damit jeder Knotenpunkt des Netzwerks (Full-Nodes) die aktuelle Blockchain besitzt, wird die Blockchain in regelmäßigen Abschnitten aktualisiert und an jeden Teilnehmer übermittelt.

Nach einem gewissen zeitlichen Abschnitt, beispielsweise alle zehn Minuten, wird ein Paket mit neuen Informationen, ein sogenannter **Block**, an die bisherige Transaktionshistorie angehängt. Das hat den Vorteil, dass nicht jede einzelne Transaktion aktualisiert werden muss, sondern ein Bündel von Transaktionen.

Allmählich entsteht dann eine Kette (eng. Chain) von Informationspaketen: eine **Block-Chain.**

Jeder Teilnehmer des dezentralen Systems speichert die aktuelle Blockchain auf seinem Rechner. Der Vorteil: Wenn ein Teilnehmer „schummeln" möchte und die Blockchain auf seinem Computer verändert, bekommen das sofort alle anderen Teilnehmer mit, denn die Transaktionshistorien unterscheiden sich. Die Teilnehmer akzeptieren die Änderung nicht.

Da es bei der Blockchain-Technologie keinen zentralen Aufpasser gibt, sondern Tausende Aufpasser, die über den gesamten Globus verteilt sind, ist das Ändern von Regeln nicht möglich.

Auf dieser Technologie bauen Kryptowährungen auf. Das Verschicken von digitalen Währungen kann auf Basis der Blockchain ablaufen. Die Technologie beschränkt sich jedoch nicht nur auf Währungen. Jede Art von Daten kann mittels einer Blockchain und einem dezentralen System gespeichert oder transferiert werden. So sind beispielsweise ein digitaler Personalausweis, Kommunikationsdienste oder dezentrale Spiele auf der Blockchain möglich.

Eine Kryptowährung ist lediglich eine von vielen „Anwendungen" auf der Blockchain.

Schauen wir uns im nächsten Schritt an, wie wir diese Anwendung verwenden können.

## 3.2. Adressen auf der Blockchain

Damit wir uns gegenseitig Geld in Form von Coins schicken können, müssen wir zunächst ein „Konto" auf der Blockchain eröffnen.

Ein Konto in der Blockchain unterscheidet sich grundlegend von einem normalen Bankkonto oder E-Mail-Konto.

Schließlich haben wir keine zentrale Einheit. Man muss sich nicht mit einem Namen anmelden und niemand muss unsere Daten kontrollieren und freigeben. Außerdem gibt es, wie bereits erwähnt, keine zentrale Anlaufstelle, bei der man ein Konto eröffnet. Innerhalb der Blockchain spricht man nicht von Konten, sondern von **Adressen**. Die Adresse können wir mit dem IBAN unseres Bankkontos oder der E-Mail unseres Mail-Kontos vergleichen. Da diese Adressen öffentlich sind, werden sie **Public Addresses** genannt.

Damit wir Geld auf unserem Bankkonto empfangen können und das Geld eindeutig uns zugeordnet werden kann, darf es jede Kontonummer nur genau einmal geben. Es ist nicht möglich, dass zwei Menschen die gleiche Kontonummer zugeteilt bekommen.

Im Fall der Kryptowährungen entspricht die Kontonummer unserer Adresse. Normalerweise übernimmt die Bank die Zuweisung der Kontonummer und weist uns eine freie IBAN zu. In einem dezentralen System gibt es eine andere Lösung, die wiederum auf Kryptografie beruht.

Wir gehen die Adresserstellung am Beispiel von Bitcoin genauer durch:

Um eine Bitcoin-Adresse zu erstellen, müssen wir uns zunächst einen **Private Key** erstellen. Wir erinnern uns: Das ist der Schlüssel, den wir unbedingt für uns behalten müssen. Er ist quasi das Passwort zu unserem Bankkonto oder zu unserem E-Mail-Konto.

Wichtig zu verstehen ist: Wir legen zuerst das Passwort an! Die Adresse erhalten wir dann später automatisch.

Innerhalb der Bitcoin-Adresse werden nicht, wie oftmals irrtümlich angenommen wird, die Bitcoins gespeichert, sondern der **Private Key**, der zu den Bitcoins gehört.

Unser Passwort, sprich unseren Private Key, können wir uns **frei aussuchen**. Er muss 256 Zeichen lang sein und aus 1 und 0 bestehen. Ein Beispiel wäre:

*1100011001010001001101110101010100001100000000011000001011101010101010101111010101100101000010010101110100100001101001001101100111001111111001110100000101010110110101000110001101101001000101111111001010100111010001011011011001001110110011100000000110010000 0*

Da die 256 Stellen wiederum zu unübersichtlich wird, wird die Hexadezimaldarstellung verwendet, wie wir sie bereits von den Hashing-Algorithmen kennen:

*63289baa860182eaaaf565095d21a4d9cfe74156d4636917f2a745b64ece0320*

Wie wir den Private Key erstellen, schauen wir uns später genauer an. Momentan ist primär das Verständnis des Ablaufs wichtig.

Das ist ein Private Key, den wir **uns selbst ausgesucht** haben. Dies ist nicht zu verwechseln mit dem Ausgang eines SHA256-Hashing-Alogrithmus, der ebenso 256 Zeichen besitzt und als Hexadezimalzahl dargestellt wird.

Wir können ihn auch als gewöhnliche Dezimalzahl darstellen. Dann besitzt er 78 Stellen:

*44850720260321662609843686319056397591094383727375911915927129468073702982432*

Der eine oder andere hat sich vielleicht bereits gewundert, dass es keinen Benutzernamen oder sonstige Log-In-Daten gibt. Wir können uns den Private Key, also unser Passwort, selbst aussuchen?

Aber ist das Aussuchen des Private Keys nicht unsicher? Schließlich gibt es, wie bereits erwähnt, keine weiteren Log-in-Daten. Wenn eine andere Person sich zufällig den gleichen Private Key aussucht, hat sie automatisch Zugang zu meiner Bitcoin-Adresse, oder?

Ja, das ist in der Tat so, aber das System ist trotzdem sicher.

Denn wie hoch ist die Wahrscheinlichkeit, dass jemand exakt die gleiche Zahl auswählt wie ich, wenn die Zahl 256 Stellen besitzt?

Wer im Mathematik-Unterricht aufgepasst hat, weiß, dass es für eine Zahl mit 256 Stellen genau $2^{256}$ Möglichkeiten gibt. Das ist gleichzeitig die maximale Anzahl an unterschiedlichen Bitcoin-Adressen, die es jemals geben wird. Das ist eine unglaublich große Zahl – eine Eins mit 80 (!) Nullen:

*100000000000000000000000000000000000000000000000000000000000000000000000000000000*

Aber ist das nun so sicher, dass wir mit diesem System unser Erspartes aufbewahren können?

Als Gedankenexperiment sehen wir uns einmal an, wie sicher das Aussuchen eines Private Keys ist. Dazu nehmen wir folgendes Beispiel:

Wenn ein Hacker mit einem High-End-Computer ohne Vorahnung versuchen würde, deinen Private Key herauszufinden, dann würde er dafür ungefähr $10^{58}$ Jahre benötigen. Das ist eine 10 mit 58 Nullen!

Ein anderer Vergleich verdeutlicht dies noch stärker: Es ist wahrscheinlicher, für den Rest seines Lebens einmal pro Woche vom Blitz getroffen zu werden, als zufällig den richtigen Private Key zu erraten.

Ein letztes Beispiel: Stellen wir uns vor, zwei Menschen würden sich aus allen Sandkörnern die es auf der Welt gibt ein Sandkorn heraussuchen. Die Wahrscheinlichkeit, dass sie sich genau das gleiche Sandkorn heraussuchen, ist um mehrere Billionen mal wahrscheinlicher, als dass sie sich den gleichen Private Key aussuchen.

Es ist also praktisch unmöglich. Solange du nicht jede Woche vom Blitz getroffen wirst, solltest du dir keine Gedanken darüber machen, dass jemand zufällig den gleichen Private Key generiert wie du.

Das Beispiel des Hackers offenbart jedoch auch eine Schwachstelle: Bei dem Beispiel sind wir davon ausgegangen, dass der Hacker keine Vorahnung hinsichtlich des Passworts besitzt. Wenn wir unser Geburtsdatum als Private Key auswählen, ist das natürlich nicht mehr sicher, aber wie können wir uns einen sicheren Private Key erstellen?

*Abbildung 15 Münzwurf als Zufallsexperiment*

Die Antwort lautet: **Zufall.** Wenn die Zahl komplett zufällig gewählt wurde, kann es jede der möglichen Kombinationen sein, und damit haben wir die größtmögliche Sicherheit gewonnen.

Um das zu realisieren, können wir ein beliebiges Zufallsereignis verwenden. Wir können beispielsweise eine Münze 256-mal werfen. Bei Kopf notieren wir eine 0, bei Zahl eine 1, und fertig ist der komplett zufällige Private Key. Deutlich einfacher und zeitsparender ist es, den Private Key durch einen Computer mit einer Zufallsfunktion generieren zu lassen.

Diese Vorgehensweise ist die gängige Praxis. Dafür werden **Wallets** (zu Deutsch: „Geldbörse“) bzw. Wallet-Anbieter verwendet. Das sind Onlinedienste, die einen zufälligen, privaten Schlüssel und somit den Zugang zu einer Bitcoin-Adresse generieren. Wallets erfüllen außerdem noch viele weitere Funktionen, die wir uns später genauer ansehen werden.

Wir haben schnell festgestellt, dass es theoretisch nicht schwierig ist, sich einen Private Key zu generieren. Aber wie gelangen wir von unserem Private Key auf unsere öffentliche Bitcoin-Adresse, an die man Bitcoins senden kann?

Anders, als es beispielsweise bei einem E-Mail-Konto der Fall ist, können wir uns hier die Adresse nicht selbst aussuchen. Sie wird aus dem Private Key generiert.

Das ist so, als würden wir ein Bankkonto eröffnen, und alles, was wir benötigen, ist ein Passwort. Kein Name, kein Benutzername, lediglich ein Passwort. Aus dem Passwort wird anschließend automatisch eine Kontonummer generiert.

Da die Adresse auf der Blockchain anhand einer kryptografischen Funktion generiert wird, wird sie auch als **Public Key** oder **Public Address** bezeichnet.

Die öffentliche Adresse können wir auch Freunden und Bekannten geben, wenn sie uns Coins schicken möchten.

Die Bitcoin Adresse Public Key) wird durch die elliptische Kurven-Funktion aus dem Private Key generiert. Ähnlich wie die SHA256-Funktion, die wir bereits besprochen haben, jedoch deutlich komplexer. Ebenso wie bei all diesen Einwegfunktionen können wir durch die öffentliche Adresse keinen Rückschluss auf den

Private Key ziehen.

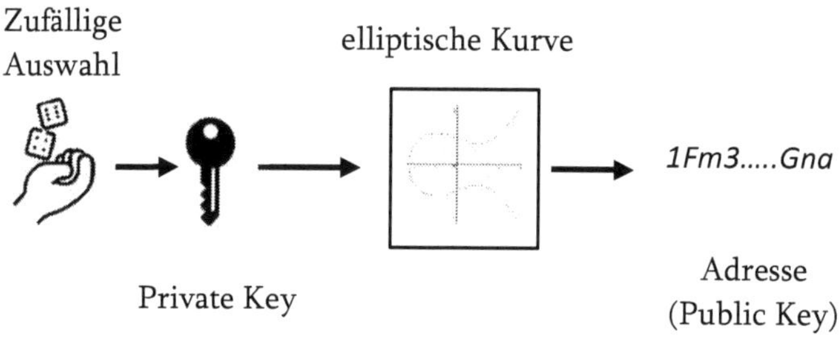


*Abbildung 16 Vereinfachte Generierung der Bitcoin-Adresse*

Die Bitcoin-Adresse ist 32 Zeichen/Buchstaben lang und beginnt mit einer Eins oder einer Drei:

*1Fm3AyHkBnKDxfrv4z857AWSnSaRa3BGna*

Die Bezeichnungen Public Key und Public Address werden häufig als Synonym verwendet und bedeuten aus technischer Sicht nicht dasselbe. Streng genommen wird aus dem Private Key zuerst der unkomprimierte Public Key generiert und aus diesem wiederum die Public Address. Für das Verständnis reicht es zu wissen, dass es einen Private Key und einen Public Key bzw. eine Public Address gibt.

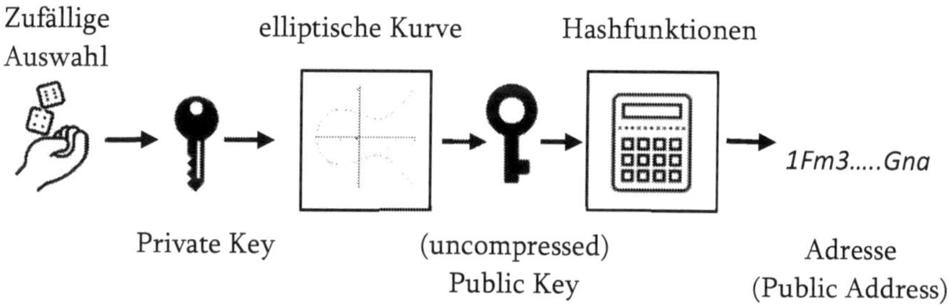


*Abbildung 17 Generierung der Bitcoin-Adresse*

Die Funktionsweise mit Private und Public Key ist bei Bitcoin und vielen anderen Kryptowährungen recht ähnlich. Lediglich die Längen der Adressen und Schlüssel unterscheidet sich. Außerdem können charakteristische Präfixe wie die Eins bei Bitcoin vorhanden sein.

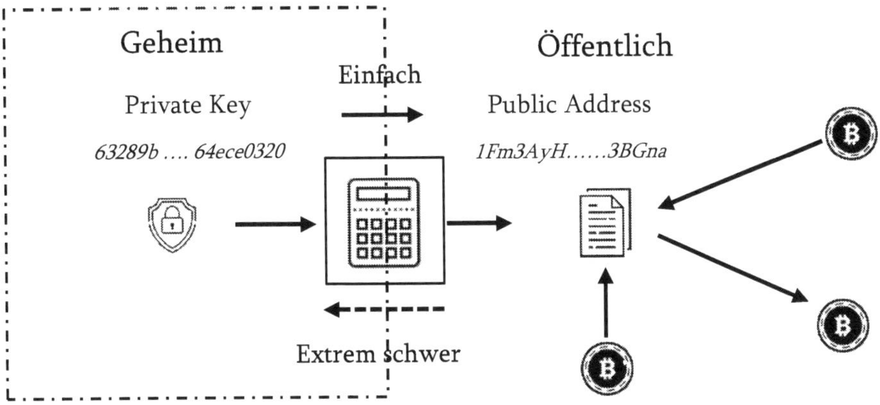


*Abbildung 18 Zusammenhang Private Key Public Address*

Eines nehmen wir aus diesem Kapitel vor allem mit: Wir händigen **niemandem**, unter **keinen Umständen**, unseren Private Key aus.

Bevor wir uns die konkrete Bildung der Blockchain am Beispiel von Bitcoin ansehen, besprechen wir ein Thema, über das ebenfalls viel Halbwissen existiert: Die Rede ist vom Mining.

## 3.3. Konsensusbildung und Mining

**Mining** ist das englische Wort für Bergbau, Abbau oder Förderung und wird häufig in Verbindung mit Rohstoffen wie Gold, dem **Gold-Mining**, verwendet. Analog dazu hat sich der Begriff des Bitcoin-Minings, also dem Herstellen bzw. der Förderung von Bitcoin, etabliert.

Kryptografisch beschreibt Mining den Prozess des Lösens eines mathematischen Problems wie beispielsweise die Berechnung des SHA256-Algorithmus.

Wenn die Miner ihre Arbeit getan haben, sind die Informationen dazu bereit, Teil des Konsenses zu werden. **Konsens** oder **Konsensus** beschreibt die Einigung der Teilnehmer dahingehend, was sie als „wahr" ansehen und was als „falsch". Da es keine zentrale Institution gibt, entscheidend die Gemeinschaft darüber, ob und wann z. B. eine Transaktion stattfinden kann und ob sie die Transaktion in ihre Blockchain übernehmen.

Um diesen Prozess besser verstehen zu können, schauen wir uns die unterschiedlichen Teilnehmer eines dezentralen Systems an. Neben den Minern gibt es weitere Teilnehmer, beispielsweise die bereits angesprochenen Full-Nodes (Knotenpunkte). Ein Benutzer kann auch gleichzeitig in mehreren Rollen auftreten.

Zum einfacheren Verständnis nehmen wir das **Bauen eines Hauses als Analogie** zum Validierungsprozess der einzelnen Teilnehmer hinzu. Anhand dieses Beispiels ordnen wir den Teilnehmern die Aufgaben zu.

**Miner:** Miner sind die Nutzer, die die Arbeit, also das Mining, leisten. An diese werden die neuen Informationen, sprich die digital signierten Transaktionen geschickt.

Analogisch gesehen sind Miner die **Bauarbeiter,** die mit ihrer **Arbeitskraft** das Haus errichten. Der Bauplan, wie das Haus auszusehen hat, sind die **Regeln der Blockchain.**

Die Miner errechnen einen **potenziellen Konsensus** im Netzwerk, den sie zum Validieren an die Nodes weiterleiten.

Die Miner möchten für ihre Arbeit natürlich entsprechend entlohnt werden.

Miner bekommen mehrere Transaktionen in einem Block zugeteilt und erschaffen Konsensus, indem sie z. B. ihre Rechenleistung zur Verfügung stellen. Dafür müssen Nutzer eine Gebühr bezahlen. Diese **Transaktionskosten** werden an die Miner ausgeschüttet.

Miner sind diejenigen, die Arbeit verrichten, um die Sicherheit des Konsensus zu sichern.

**Full-Nodes:** Full-Nodes sind Nutzer, die die **gesamte Blockchain** auf ihren Rechner geladen haben, und diese regelmäßig updaten. Sie synchronisieren sich mit anderen Nodes und bilden die Stützsäulen des dezentralen Systems. Außerdem validieren sie die Informationen, die ihnen von den Minern gesendet werden.

Wir können zur Full-Node werden, indem wir das Bitcoin-Full-Node-Programm auf unserem Rechner laufen lassen. Dazu muss der Rechner durchgehend laufen und mit dem Internet verbunden sein. Schließlich aktualisiert sich die Transaktionshistorie alle zehn Minuten.

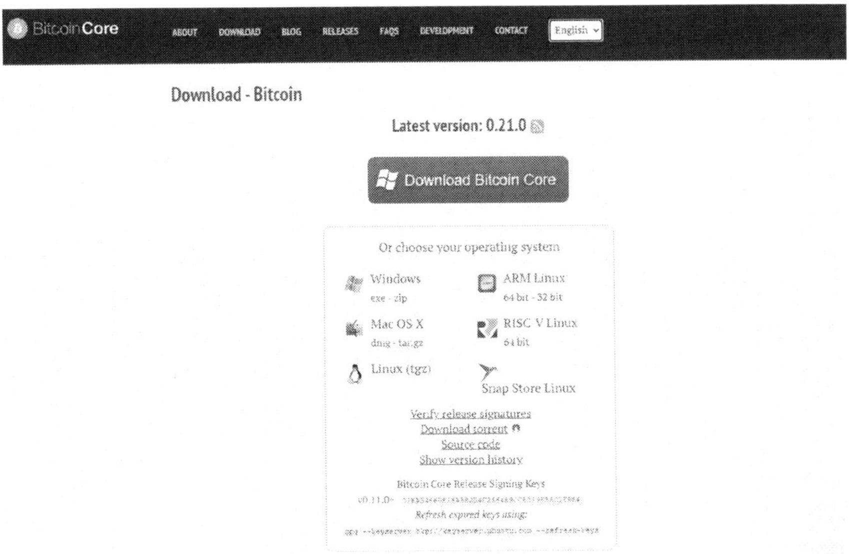


*Abbildung 19 Download einer Bitcoin-Full-Node*
*Quelle: https://bitcoincore.org/en/download/*

Wir können uns die Full-Nodes als **Bauleiter** vorstellen, die selbst kaum körperliche Arbeit im Sinne eines Bauarbeiters verrichten, jedoch die Arbeit der Miner validieren oder ablehnen. Sie haben stets alle Baupläne in einem Ordner dabei.

Da Full-Nodes keine Rechenleistung bereitstellen, bekommen sie im Gegensatz zu den Minern keine Gebühren vom Netzwerk. Dennoch gibt es genug „Freiwillige", die das Netzwerk unterstützen möchten, und eine Full-Node betreiben.

Den Full-Nodes kommt die wichtige Aufgabe zu, das Netzwerk zu stützen. Große Firmen wie Tesla betreiben selbst eine Bitcoin-Full-Node.

Wenn Speicherplatz zukünftig immer günstiger wird, ist es durchaus realistisch, dass wir auf jedem unserer Smartphones eine „Bitcoin-Full-Node-App" installieren können und das Netzwerk damit immer weiter dezentralisieren.

**Light-Nodes:** Light-Nodes sind Nutzer, die zwar die Blockchain nutzen möchten, aber nicht alle Daten speichern wollen. Hierbei handelt es sich um den Großteil aller Nutzer. Light-Nodes werden auch als **gewöhnliche Nutzer** bezeichnet. Sie senden den Wunsch, eine Zahlung zu senden, an eine Full-Node und an die Miner, die die Transaktion anschließend an alle anderen Full-Nodes senden.

Die Analogie zum Hausbau ist hier nicht so einfach zu ziehen. Am ehesten können wir dem **Bauherrn** die Rolle der Light-Node zuteilen. Er hat eine grobe Vorstellung davon, wie das Haus auszusehen hat, hat jedoch nicht, wie die Full-Nodes, den kompletten Bauplan dabei.

Nachdem wir die konkreten Teilnehmer eingeteilt haben, schauen wir uns nun an, was passiert, nachdem wir bei einer Transaktion auf „Senden" geklickt haben.

## 3.4. Senden einer Transaktion

Um zu verstehen, wie eine Transaktion auf der Blockchain gesendet werden kann, werden auch hier wieder die Grundlagen der Kryptografie herangezogen.

Alice verkündet, dass sie Bob einen Bitcoin (1 BTC) schicken möchte. Zunächst wird die Intension der Transaktion erfasst.

Dieser Wunsch wird mit Alice' privatem Schlüssel signiert, sodass sichergestellt ist, dass sie wirklich der Absender ist, der sie vorgibt zu sein, und dementsprechend das Guthaben besitzt, das sie versenden möchte.

Wir erinnern uns: Mithilfe der signierten Transaktion und Alice' Public Key kann überprüft werden, ob Alice der Absender ist.

Diese signierte Transaktion wird an alle umliegenden Miner und Nodes gesendet. Jeder im Netzwerk kann diese Transaktion sehen.

In der Realität übernimmt das Senden des Anliegens wiederum die Wallet, die man verwendet, um auf seine Bitcoin-Adresse zuzugreifen.

Die Miner und Nodes senden die Information wiederum an die umliegenden Miner und Nodes und so weiter, und zwar so lange, bis jeder Teilnehmer im Netzwerk die Information erhalten hat. Das dauert in der Realität nur wenige Sekunden.

Die Nodes überprüfen, ob der Absender genug Coins im Besitz hat, indem sie prüfen, ob die Signatur korrekt ist. Dafür verwenden sie den öffentlichen Schlüssel, also die Adresse des Absenders. Die bestätigten Transaktionen werden in einem Block gesammelt. Bei Bitcoin passen ungefähr 4200 Transaktionen in einen Block. Diesen Block sichern die Miner mit ihrer Rechenleistung ab und schicken den abgesicherten Block an alle Nodes. Die Transaktion wurde bestätigt. Wenn sich ein Fehler einschleust, wird die Transaktion abgelehnt.

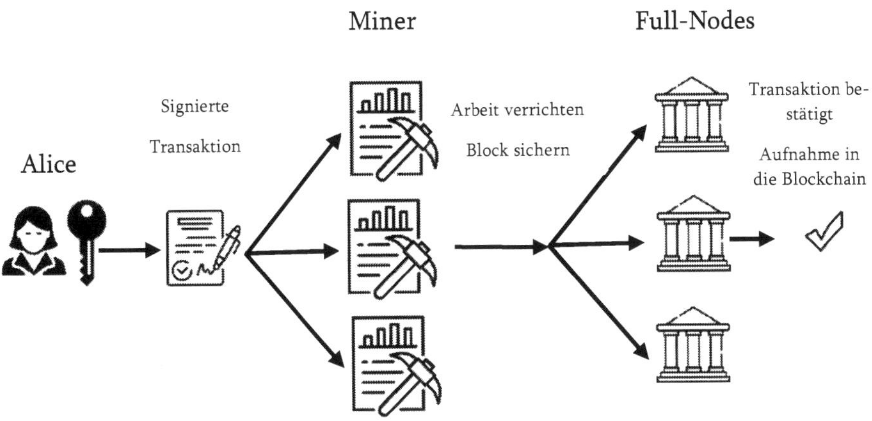


*Abbildung 20 Abfolge beim Senden einer Transaktion*

Nun haben wir gelernt, wie eine Transaktion versendet wird. Im nächsten Schritt schauen wir uns an, wie durch das Aufbringen von Rechenleistung Sicherheit generiert werden kann.

## 3.5. Proof of Work und Double-Spending

Bisher haben wir gelernt, dass die Miner ihre Rechenleistung zur Verfügung stellen, um Transaktionen zu sichern. Dabei handelt es sich um das sogenannte **Proof of Work – POW** Prinzip.

Proof of Work (zu Deutsch: *Bestätigung durch das Verrichten von Arbeit*) bedeutet, dass Arbeit in Form von Rechenleistung erbracht werden muss, um die Transaktionen so zu sichern, dass sie nicht verfälscht werden können. Dieses Konzept ist das älteste und am meisten verbreitete. Beinahe alle großen Kryptowährungen setzen auf dieses Prinzip.

Die Miner müssen ein Rätsel lösen. In der Praxis bedeutet das, dass die Miner verschiedene Algorithmen wie beispielsweise den SHA256-Hashing-Algorithmus berechnen müssen.

Deshalb wird die Rechenleistung, die ein Minder bereitstellt, häufig als **Hashing-Power** bezeichnet.

Aber warum ist es überhaupt notwendig, dass die Miner Arbeit verrichten und Hashing-Algorithmen berechnen? Wie wird daraus Sicherheit erzeugt? Dazu schauen wir uns ein Problem an, das dadurch ausgeschlossen wird.

Bis zum Jahr 2008 gab es ein Problem, das bis dato als unlösbar galt: das **Double Spending Problem**, zu Deutsch: *Problem der doppelten Ausgabe*.

Stellen wir uns vor, wir sind ein Betrüger und senden unser Geld auf unserem Bankkonto per Sofortüberweisung nahezu gleichzeitig an zwei andere Konten.

Bei einem normalen Konto ist es nicht möglich, zwei Personen gleichzeitig Geld zu schicken, um insgesamt mehr ausgeben zu können, als wir eigentlich besitzen. Die Bank kontrolliert das Guthaben und blockiert eine der Transaktionen, sodass wir niemals unser Konto überziehen können. Möchte Alice also gleichzeitig Bob und Charles Geld schicken, wird die spätere Transaktion von der Bank blockiert.

In einem dezentralen System ist es jedoch möglich, sein Geld erst an eine Person und eine Millisekunde später an eine andere Person zu verschicken. Wir haben gesehen, dass sich die Miner und die Full-Nodes erst synchronisieren müssen. Bis sich alle Nodes auf dem gesamten Planeten synchronisiert haben, ist das Geld bereits mehrfach ausgegeben worden.

Wenn Guthaben von einem Konto nahezu gleichzeitig an zwei oder mehrere Konten geschickt wird, bezeichnet man diesen Vorgang als **Double Spending**.

Bis 2008 war es ein Dogma, dass das Double-Spending-Problem nicht ohne zentrale Einheit verhindert werden kann.

Aber wie wurde dieses Problem in Bitcoin und anderen dezentralen Netzwerken gelöst? Die Antwort haben wir bereits kennengelernt: Mining. Zum besseren Verständnis schauen wir uns an, wie Mining die einzelnen Blöcke, die die Transaktionen beinhalten, zu einer Blockchain zusammenfügt. Wir beginnen, indem wir uns anschauen, welche Transaktionen primär abgearbeitet werden und welche warten müssen.

## 3.6. Reihenfolge der Transaktionen

Ein dezentrales Netzwerk, wie das des Bitcoins hat mittlerweile Millionen Nutzer, die dauerhaft Tausende Transaktionen an die Blockchain senden. Da die Miner nur eine begrenzte Kapazität zur Bearbeitung und Validierung der Transaktionen haben, kann man ihnen einen freiwilligen Bonus zusprechen. Hierbei handelt es sich um eine Art Trinkgeld, das die Miner dazu veranlasst, die Transaktion früher zu bearbeiten. Bei Bitcoin beispielsweise passen lediglich 4200 Transaktionen in einen Block von zehn Minuten. Wenn man also möchte, dass die Transaktion sofort in den aktuellen Block übernommen wird, muss man zu den 4200 „Höchstbietenden" gehören.

Zur Einstellung der Gebühren erfahren wir in den späteren Kapiteln noch mehr.

Theoretisch müssen wir gar keine Gebühr zahlen, jedoch wird die Transaktion dann wohl niemals bearbeitet werden, da es immer jemanden gibt, der wenigstens ein paar Cent für die Bevorzugung seiner Transaktion bezahlen wird.

Die Höhe und Geschwindigkeit der Transaktionskosten hängen von der Auslastung des Netzwerks ab. Möchten viele Personen schnell eine Transaktion abschicken, überbieten sie sich gegenseitig.

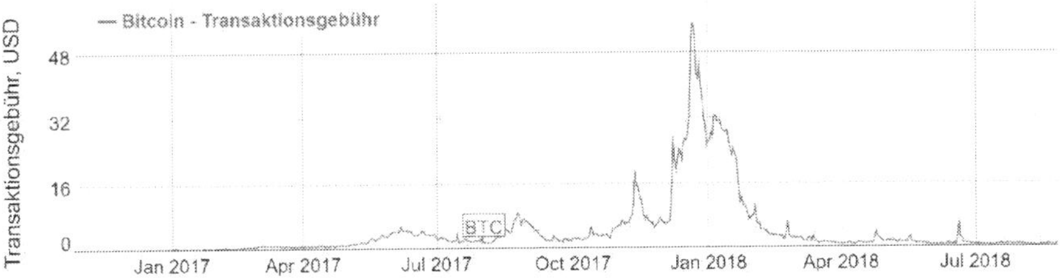


*Abbildung 21 Historische Transaktionsgebühren pro Bitcoin-Transaktion*

Dies geht auch aus der obenstehenden Grafik mit dem Beispiel von Bitcoin hervor. Im Spätjahr 2017/Anfang 2018 hatte Bitcoin ein neues Allzeithoch von 20.000 USD erreicht. Parallel dazu sind die durchschnittlichen Transaktionsgebühren für eine Transaktion von unter einem Dollar auf über 50 USD gestiegen, da die Nachfrage an Bitcoin zu einer extremen Auslastung des Netzwerkes geführt hat – die Miner hat das natürlich gefreut.

Die Transaktionen werden also nach einem Biet-System ausgesucht, und aus diesen werden wiederum Blöcke von bis zu 4200 Transaktionen zusammengefasst. Der nächste Schritt besteht darin, die Blöcke zu validieren und zusammenzufügen.

# 4. Aufbau der Blockchain

Die Blockchain besteht aus Blöcken. Der erste Eintrag eines Blocks ist immer ein Verweis auf den vorherigen Block. Dadurch ist die Verbindung zum vorherigen Block festgelegt und die Blöcke verknüpfen sich zu einer Kette.

Außerdem enthält der aktuelle Block die Transaktionen, die in dem entsprechenden Zeitraum angefallen sind. Die gesamten Daten des Blocks werden in einen SHA256-Algorithmus eingegeben. Als Ergebnis erhalten wir einen Hash des aktuellen Blocks.

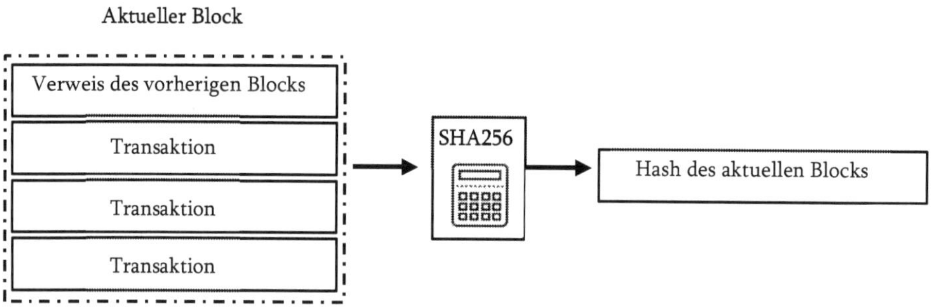


*Abbildung 22 Haschgenerierung aus den Daten eines Blocks*

Wir haben gelernt, dass dieser Hash eine Länge von 256 Bit hat und unvorhersehbar ist. Ändern wir nur ein Zeichen des gesamten Blocks, ändert sich der Hash vollständig und unvorhersehbar. Und genau diese Tatsache ist ebenso simpel wie genial. Eine einzige Änderung in nur einer Transaktion würde den kompletten Hash des Blocks und damit **alle weiteren Blöcke** verändern.

Dies ist vergleichbar mit einem Kinofilm, in dem ein Zeitreisender nur eine Kleinigkeit in der Vergangenheit verändert, die Zukunft aufgrund dieser kleinen Änderung jedoch eine vollkommen andere wird.

Somit ist der Hash des aktuellen Blocks gleichzeitig ein eindeutiger Verweis auf diesen Block. Der Hash des aktuellen Blocks wird als erster Eintrag des Folgeblocks eingesetzt. So entsteht eine Reihenfolge von Blöcken.

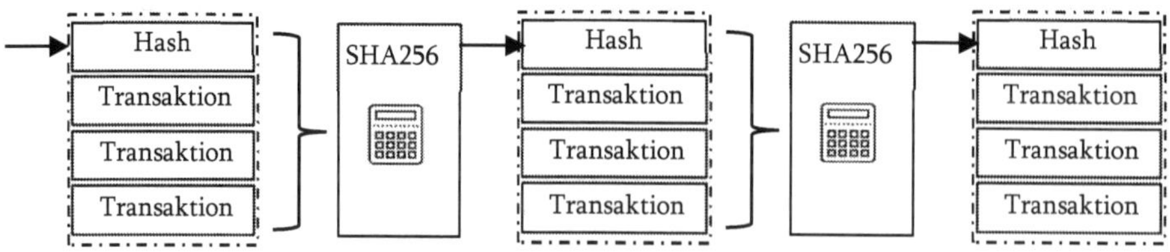


*Abbildung 23 Aneinanderreihung von Blöcken*

Die Miner berechnen den Hash des aktuellen Blocks.

Wir wissen allerdings immer noch nicht, wie die Miner Sicherheit gewährleisten.

Der Trick bei der Blockchain-Technologie ist nun, dass es die Regel gibt, dass der **Hash des Blocks** mit einer **bestimmten Anzahl von Nullen** beginnen muss. Anderenfalls wird der Block nicht angenommen.

Da der Hash nur geändert werden kann, wenn die Daten des Blocks geändert werden, wird dem Block ein weiteres Element hinzugefügt, das als **Nonce** bezeichnet wird. Dieser Teil ist variabel und hängt nicht von den Transaktionen ab. Durch Änderung der Nonce wird der Hash des Blocks verändert. Die Nonce hat keine weitere Funktion, als dass durch Änderung der Nonce der Hash angepasst werden kann.

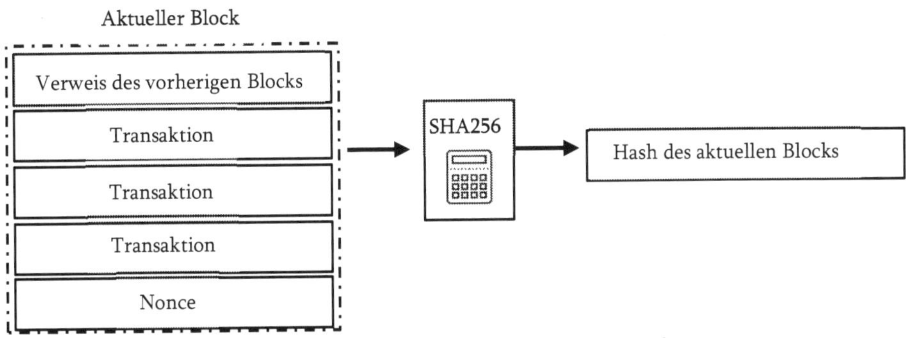


*Abbildung 24 Hashgenerierung aus den Daten eines Blocks inkl. der zusätzliche Variable "Nonce"*

Als Nächstes kommt die Rechenleistung der Miner ins Spiel. Die Miner müssen den Hash nicht berechnen, sondern sie müssen eine Zahl finden, sodass der Hash des gesamten Blocks mit einer bestimmten Anzahl an Nullen beginnt. Um dieses Problem zu lösen, gibt es nur eine Möglichkeit: Die Miner müssen verschiedene Möglichkeiten für die Nonce ausprobieren.

Wir können uns einen Block der Blockchain wie ein großes Puzzle vorstellen, bei dem ein Teil fehlt. Alle Transaktionen stellen Puzzleteile dar, und die Miner müssen durch Ausprobieren das fehlende, vervollständigende Puzzleteil finden.

Haben sie eine Nonce gefunden, wird der Block akzeptiert.

Zur Veranschaulichung dieses komplexen Ablaufs schauen wir uns ein vereinfachtes Beispiel an und erstellen einen eigenen, sehr abgespeckten Block. Dieser beinhaltet lediglich den **Hash des vorherigen Blocks**, **eine Transaktion** und eine **Nonce**. In unserem Fall beginnen wir mit der **Null**. Außerdem ist unsere Forderung, dass der entstehende Hash mit einer Null beginnen muss.

Mithilfe eines Online-SHA256-Generators erhalten wir den Hash, der zu unseren Daten gehört.

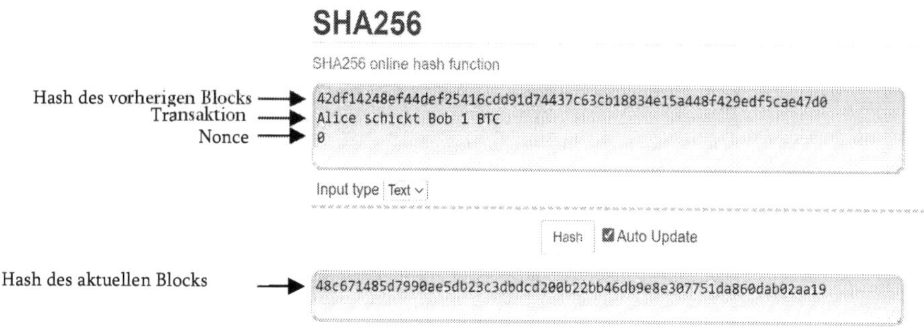


*Abbildung 25 Beispiel Hashgenerierung mittels eines Online-Hashgenerators*
*Quelle: https://emn178.github.io/online-tools/sha256.html*

Wir sehen, dass mit den eingegebenen Daten der Hash *48c6.....a19* entsteht. Da dieser nicht mit einer Null beginnt, wäre der Block nicht zulässig. Wir erhöhen die Nonce um Eins, bis wir einen Hash erhalten, der mit einer Null beginnt.

Bei diesem Beispiel ist dies für den Wert 16 erstmalig der Fall.

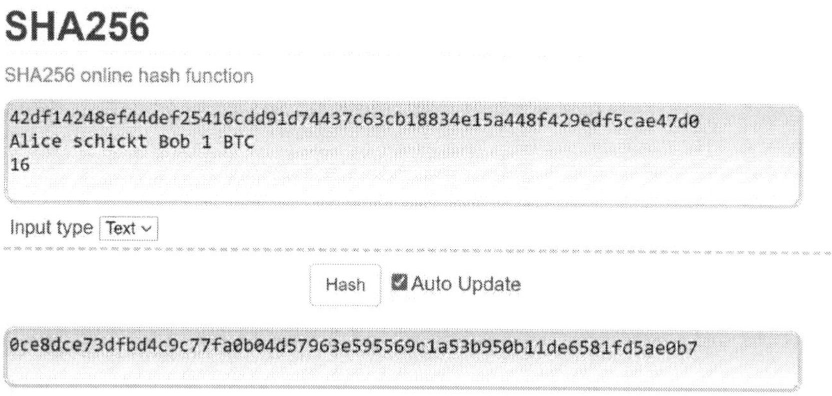


*Abbildung 26 Nach 16 Versuchen beginnt der entstehende Hash mit einer Null*

Wir mussten also 16-mal einen SHA256-Algorithmus berechnen, um auf einen gültigen Hash zu kommen. In der Realität werden deutlich mehr Nullen gefordert, sodass der Algorithmus deutlich öfter durchlaufen werden muss.

Im Beispiel haben wir die Nonce händisch durchprobiert und so lange verändert, bis das gewünschte Ergebnis ausgegeben wurde. Im Bitcoin-Netzwerk besteht genau darin die Arbeit der Miner. Sie probieren pro Sekunde Milliarden an verschiedenen Noncen durch und berechnen jedes Mal den resultierenden Hash. Wenn er mit der geforderten Anzahl an Nullen beginnt, meldet sich der Miner, nach dem Motto: „Ich habe die Lösung gefunden!“. Er schickt den gelösten Block inklusive seiner gefundenen Nonce an alle Full-Nodes. Diese kontrollieren, ob ein Hash mit der geforderten Anzahl an Nullen entsteht. Ist das der Fall, wird der Block an die Blockchain angehängt und der Miner erhält seine Belohnung.

Aber warum stellen wir die Miner vor die Aufgabe, die passenden Nonce zu finden? Warum hängen wir den Block nicht einfach direkt an die Blockchain an, ohne vorher ein Rätsel zu lösen? Oberflächlich betrachtet ist das Suchen nach der Nonce reine Energieverschwendung, oder?

Dieses System, dass wir eine Zahl suchen, die den Hash der Daten mit Nullen beginnen lässt, hat **keinen tieferen** Sinn. Darum geht es auch nicht. Es muss lediglich gewährleistet sein, dass es ein sehr schwieriges Rätsel ist, das gelöst werden muss.

Um den Sinn des Minings zu verstehen, stellen wir uns vor, dass ein böswilliger Angreifer die Transaktionshistorie verändern möchte. Dabei verändert er nicht nur eine Transaktion, sondern auch den Hash des Blocks, der die Transaktion beinhaltet. Und nicht nur das: Da dieser Hash wiederum der erste Eintrag des nächsten Blocks wird, verändert er auch diesen Block und den nächsten und den nächsten.

Der böswillige Angreifer müsste also alleine alle Nonce-Zahlen **neu berechnen/erraten.** Jedoch steht er im **Wettstreit** mit all den ehrlichen Minern, die mehr Rechenleistung besitzen und dementsprechend schon den nächsten oder übernächsten Block gefunden haben.

Analog können wir uns die Blockchain wie ein großes Schloss vorstellen, das durch viele Burgmauern geschützt ist. Die Burgmauern sind wie Zwiebelschalen um die Burg herum angebracht. Ein Angreifer (böser Miner) muss eine Mauer nach der anderen überwinden. Die guten Miner hingegen verteidigen die Burg und arbeiten an der Innenseite bereits an immer neuen Burgmauern. Der Angreifer müsste die Burgmauern schneller abreißen, als die guten Miner sie wieder verstärken.

Analog zu dem Beispiel: Löst der Angreifer in der Blockchain einen alten Block, haben die Miner bereits mehrere neue gefunden.

Es ist ein Wettrennen der Rechenleistung, das der Hacker gegen die ehrlichen Miner immer verlieren wird. Es wird davon ausgegangen, dass die Gemeinschaft, sprich die guten Miner, immer die absolute Mehrheit der Hashing-Power besitzen und somit Angriffe von Einzelpersonen, Unternehmen oder sogar ganzen Staaten besiegen können. Das ist gleichzeitig auch die Lösung des Double-Spending-Problems.

Deshalb gilt folgende Netzwerkregel: Die **längste Blockchain**, also die Blockchain mit den meisten validierten Blöcken, ist immer die „wahre“ Blockchain. Für die Erstellung dieser Blockchain wurde der Großteil der Arbeit aufgebracht.

Es ist also möglich, dass eine Person Geld doppelt ausgibt. Die Transaktionen werden verschiedenen Blöcken zugeteilt und an verschiedene Miner verschickt. Der Block, für den als erstes die passende Nonce gefunden wurde, wird angehängt und gilt für das gesamte Netzwerk als Konsensus.

Es kann auch passieren, dass kurzzeitig parallele Ketten entstehen, dass Miner an verschiedenen Enden arbeiten.

Jedoch wird sich immer eine Kette durchsetzen, und alle Miner springen dann sofort auf den Zug mit der längsten Kette auf. Aus diesem Grund ist eine Transaktion auch nicht automatisch vollzogen, wenn sie ein Miner in einem Block integriert hat. Erst wenn auch der nächste und der übernächste Block bestätigt wurden, können wir uns sicher sein, dass wir auf der „Haupt-Blockchain" sind. Bei Bitcoin sind das in der Regel drei bis sechs Blöcke, bei anderen Kryptowährungen entsprechend mehr oder weniger.

Aber rentiert sich dieser Aufwand für die Miner überhaupt? Immerhin müssen die Miner Geräte anschaffen, Strom verbrauchen und die Geräte warten. Dazu schauen wir uns das Mining einmal aus Miner-Perspektive an.

Beim Erraten der Nonce-Zahlen, man spricht hier auch vom **Lösen des Blocks**, arbeitet die Miner alle gleichzeitig und alle gegeneinander. Denn der Miner, der als erstes die richtige Zahl findet und damit den aktuellen Block vollständig löst, erhält die **gesamten Transaction Fees**. (*Transaktionsgebühren*).

Die anderen Miner gehen leer aus. Danach stürzen sich alle Miner sofort auf den nächsten Block und machen sich auf die Suche nach der richtigen Nonce.

Aber das ist noch nicht alles: Zusätzlich zu den Transaktionsgebühren erhält der Miner, der den Block löst, eine Belohnung, die im Programmcode verankert ist und je nach Kryptowährung unterschiedlich ist. Diese Belohnung nennt man **Block Subsidy** (*Block-Subvention*).

**Belohnung der Miner = Subvention + Transaktionsgebühren**

*Block Rewards = Block Subsidy+ Transaction Fees*

Bei Bitcoin ist der Anfangswert der Block Subsidy auf **50 Bitcoins pro gefundenem Block festgelegt**.

Etwa alle zehn Minuten werden zusätzlich zu den Transaktionsgebühren 50 neue Bitcoins an die Miner ausgeschüttet.

Wir haben soeben gesehen, wie Bitcoins generiert werden. Bitcoins gab es nicht schon immer, sondern sie werden durch das Mining ausgegeben und an die Miner verteilt. Aber bedeutet das nicht, dass Bitcoin auch eine Art Inflation beinhaltet? Schließlich werden aus dem Nichts neue Bitcoins erschaffen. Genau das sollte doch verhindert werden, oder?

In der Tat wäre das der Fall, wenn stets 50 Bitcoins pro Block ausgeschüttet werden, und deshalb hat das Bitcoin-Protokoll die Anzahl der ausgeschütteten Coins begrenzt. Die Anzahl an ausgeschütteten Coins von 50 Bitcoins pro Block wird dabei mit der Zeit immer weniger. Genauer: Der Wert halbiert sich alle 210.000 Blocks. Das bedeutet: Die ersten 210.000 Blöcke der Blockchain geben 50 Bitcoins aus, die nächsten 210.000 Blöcke nur noch 25 Bitcoins pro Block und so weiter.

Da ein Block 10 Minuten entspricht, entsprechen 210.000 Blöcke ziemlich genau 4 Jahren.

| ***Zeitraum*** | ***Block Subsidy – neu ausgeschüttete Coins*** | ***Gesamtzahl der ausgeschütteten Coins im Zeitraum*** | ***Gesamtzahl der bisher ausgeschütteten Coins*** |
|---|---|---|---|
| *2008-2012* | *50* | *10.500.000 BTC* | *10.500.000 BTC* |
| *2012-2016* | *25* | *5.250.000 BTC* | *15.750.000 BTC* |
| *2016-2020* | *12,5* | *2.625.000 BTC* | *18.375.000* |
| *2020-2024* | *6,25* | *1.312.500 BTC* | *19.687.500* |
| *2024-2028* | *3,125* | *656.250 BTC* | *20.343.750* |
| ... | ... | ... | ... |

Die Halbierung der Ausschüttung wird **Halving** (Halbierung) genannt. Das letzte Halving hat am 11. Mai 2020 stattgefunden. Dabei wurde die Block Subsidy von 12,5 auf 6,25 BTC pro Block halbiert. Das nächste Halving ist für das Jahr 2024 angesetzt.

Momentan werden also alle **zehn Minuten 6,25 BTC** an die Person ausgeschüttet, die den aktuellen Block löst, also die Person, die die passende Nonce für den Block findet.

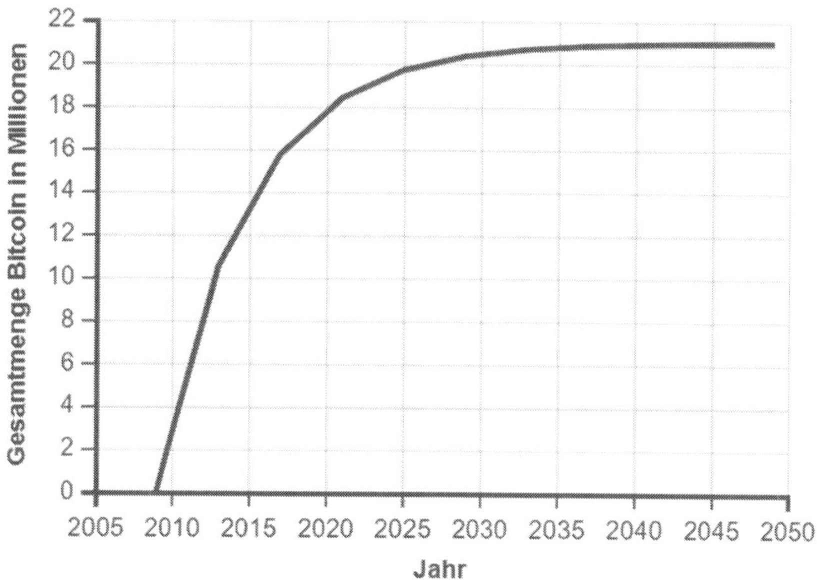


*Abbildung 27 Gesamtmenge aller jemals erzeugten Bitcoins*

Wir sehen, dass nicht unendlich viele Bitcoins ausgeben werden, sondern dass die Gesamtmenge aller jemals erzeugten Coins auf den Grenzwert von **knapp 21 Millionen** zuläuft.

Es wird niemals mehr als 21 Millionen Bitcoins geben. Die Limitierung ist im Programmcode verankert und kann nicht verändert werden. So schützt sich Bitcoin vor Inflation.

Dabei verändert sich nur die Menge der **neu erzeugten** Coins pro Block (Block Subsidys). Die Transaktionsgebühren (Transaction Fees) bleiben weiterhin bestehen, ansonsten hätten die Miner keinen Anreiz mehr, ihre Rechenleistung zur Verfügung zu stellen.

**Belohnung der Miner = Subvention + Transaktionsgebühren**

Da die Subventionen auf Null fallen, ergibt sich:

**Belohnung der Miner = Transaktionsgebühren**

Zum Abschluss des Kapitels soll noch eine Frage geklärt werden, die sich der eine Leser oder die andere Leserin wahrscheinlich bereits gestellt hat. Wir haben gesehen, dass ein Block stets den Hash des vorherigen Blocks beinhaltet.

Aber was war dann der erste Eintrag des allerersten Blocks? Schließlich gibt es keinen vorherigen Block, aus dem ein Hash erzeugt werden kann.

Der erste Block wird als **Genesis-Block** bezeichnet. Er besitzt zwei Aufgaben:

Er startet die Blockchain. Dabei ist der Inhalt des ersten Eintrags vollkommen unbedeutend.

Die andere Funktion, die der erste Eintrag erfüllt, ist jedoch enorm wichtig: Er muss beweisen, dass die Blockchain **neu erstellt** wurde.

Denn stellen wir uns vor, dass Satoshi Nakamoto die Bitcoin Blockchain nicht erst 2008, sondern bereits im Jahr 2000 erfunden hätte. Jedoch hat er sie nicht veröffentlicht, sondern heimlich Block für Block berechnet und eine Blockchain erstellt. Dabei hat er alle Block Subsidy, also anfänglich 50 BTC pro Block, selbst eingesammelt. Außerdem war sein Rechner während des gesamten Zeitraums offline, damit niemand mitbekommt, was er da tut.

Diese errechnete Blockchain wäre natürlich deutlich länger als alle Blockchains, die erst seit 2008 errechnet werden. Schließlich hätte Satoshi acht Jahre Vorsprung. Wenn er plötzlich im Jahr 2020 mit seiner Blockchain online geht, wird jeder Miner, jede Node und jeder Nutzer seine Blockchain als die längste und damit als „wahre“ Blockchain annehmen. Alles bisherige Minings, alle Transaktionen und alle erschaffenen Bitcoins wären nicht mehr gültig.

Um das zu verhindern, muss bewiesen werden, dass er zuvor keine längere Blockchain gemined hat. Aber wie beweist man, dass etwas erst seit Kurzem existiert?

Die Lösung ist genauso simpel wie genial. Satoshi Nakamoto nahm die Schlagzeile einer Zeitung zur Hand und schrieb den Hash der Schlagzeile in den ersten Block. Damit wurde bewiesen, dass die Blockchain nicht vor dem Erscheinen der Schlagzeile erschaffen worden sein kann. Woher soll Satoshi sonst die Schlagzeile gewusst haben?

Satoshi hätte irgendeine Schlagzeile nehmen können, entschied sich aber bewusst für eine symbolische Schlagzeile, die sich auf die Finanzkrise bezieht und somit die Probleme der Geldpolitik aufzeigt. Die Schlagzeile stammt aus der britischen „Times“ vom 3. Januar 2009.

More than 900 great restaurants, including four Gordon Ramsay favourites from £15

Israel prepares to send tanks and troops into Gaza

Michael Sheen
Frost, Nixon and me

Working mums
So that's how she does it

Detox in style
The best spas on the planet

# Chancellor on brink of second bailout for banks

Billions may be needed as lending squeeze tightens

99p

Salman Rushdie
I won't marry again

Giant killing?
Guide to the FA Cup third round

*Abbildung 28 Titelblatt der „Times" vom 3. Januar 2009*

In dem Artikel mit der Überschrift *Chancellor on brink of second bailout for banks*, zu Deutsch *Der Kanzler steht vor der zweiter Bankenrettung* geht es um den damaligen britischen **Schatzkanzler Alistair Darling**. Er hat vergeblich versucht, die britische Wirtschaft anzukurbeln. Mit der Auswahl der Schlagzeile liegt nahe: Das alte System funktioniert nicht, es ist Zeit für etwas Neues. Es ist an der Zeit für Bitcoin.

```
static CBlock CreateGenesisBlock(uint32_t nTime, uint32_t nNonce, uint32_t nBits, int32_t nVersion, con
{
    const char* pszTimestamp = "The Times 03/Jan/2009 Chancellor on brink of second bailout for banks";
    const CScript genesisOutputScript = CScript() << ParseHex("04678afdb0fe5548271967f1a67130b7105cd6a8
    return CreateGenesisBlock(pszTimestamp, genesisOutputScript, nTime, nNonce, nBits, nVersion, genesi
}
```

*Abbildung 29 Auszug aus dem Programmcode Bitcoins*

Die Überschrift findet sich daher im **Sourcecode** (Programmcode) von Bitcoin wieder. Aus ihr wird der erste Hash kreiert, der den allerersten Eintrag des Genesis-Blocks bildet. Unter Bitcoin-Enthusiasten ist diese Schlagzeile bekannt.

## 4.1. Mining Difficulty

Was wir bisher gesehen haben: Ein Block wird gelöst, wenn die passende Nonce gefunden wurde, wenn also ein Miner eine Zahl gefunden hat, die zusammen mit den Transaktionsdaten zufällig einen Hash findet, der mit einer bestimmten Anzahl an Nullen beginnt.

Es wurde jedoch auch schon des Öfteren konstatiert, dass alle zehn Minuten ein neuer Block gefunden wird. Wenn sich jedoch mehrere Miner an das Netzwerk anschließen und somit viele Menschen minen, und ihre Rechenleistung zur Verfügung stellen, kann eine passende Nonce doch viel schneller gefunden werden.

Analogisch hierzu können wir uns das Lösen eines Rätsels vorstellen:

Wenn zehn Menschen versuchen, ein Rätsel zu lösen, sei es auch nur durch Raten, werden sie circa zehnmal schneller zum Ergebnis kommen als eine Einzelperson.

Das ist jedoch nur die halbe Wahrheit, denn wenn das Rätsel auch zehnmal so komplex ist, ist die benötigte Zeit wiederum etwa gleich.

Natürlich kann eine Person Glück haben und durch Zufall direkt die passende Zahl erraten. Jedoch gleicht sich das mit der Zeit aus.

Wenn wir also die Schwierigkeit des Rätsels an die Anzahl der Mitspieler anpassen, bleibt die Zeit, die zum Lösen des Rätsels benötigt wird, ungefähr gleich.

Dieses Prinzip ist auch in der Bitcoin Blockchain übernommen worden.

Ein Block wird an die Blockchain angehängt, wenn ein Miner die passende Nonce findet. Mit welcher Häufigkeit das passiert, hängt von der Schwierigkeit ab, eine passende Nonce zu finden. Um die Schwierigkeit anzupassen, müssen wir die Bedingungen an die Nonce bzw. an den entstehenden Hash anpassen.

Wenn wir vorgeben, dass der resultierende Hash nicht nur mit einer Null, sondern mit zwei Nullen anfangen muss, so gestaltet sich das Lösen schon deutlich schwieriger.

Indem die Anzahl der Anfangsnullen des entstehenden Hashs erhöht wird, verkompliziert sich das Finden der richtigen Nonce. Das Lösen eines Blocks dauert im Durchschnitt länger.

Dies hat einen weiteren Nebeneffekt: Da das Rätsel automatisch schwieriger geworden ist, steckt in dem entstandenen Hash auch mehr Rechenleistung bzw.

Energie, die zur Lösung aufgebracht werden musste. Das bedeutet wiederum, dass ein Angreifer ebenfalls mehr Rechenleistung benötigt. Das Netzwerk wurde durch das Erschweren des Rätsels sicherer!

Je mehr Teilnehmer sich an das Netzwerk anschließen, desto mehr Rechenleistung ist im Netzwerk und desto schwieriger wird das Finden der passenden Nonce. So wird das gesamte Netzwerk mit jedem weiteren Teilnehmer immer sicherer.

Die Komplexität des Findens einer passenden Zahl wird auch als **Mining-Difficulty** bezeichnet. Die Mining-Difficulty wird alle 2016 Blöcke angepasst. Das entspricht einem Zeitraum von jeweils ungefähr zwei Wochen. Haben die Miner für das Lösen der letzten 2016 Blöcke mehr als zwei Wochen benötigt, war die Mining-Difficulty zu hoch und wird folglich verringert. War hingegen zu viel Rechenleistung im Netzwerk verfügbar, und hat das Lösen der Blöcke weniger als zwei Wochen gedauert, wird die Mining-Difficulty erhöht und das Lösen des Rätsels wird schwieriger. Es ist dem Netzwerk also egal, wie viel absolute Rechenleistung vorhanden ist. Es passt sich alle zwei Wochen automatisch an, sodass die Blöcke im Schnitt zehn Minuten dauern.

## 4.2. Wirtschaftliche Aspekte des Minings

Bei jedem gefundenen Block werden Bitcoins an denjenigen Miner ausgeschüttet, der die richtige Nonce erraten hat. Bei heutigen 6,25 BTC kommen einige Tausend Euros zusammen. Dieser lukrative Anreiz lockt Leute an, die mit dem Mining Geld verdienen möchten. Daran ist nichts Verwerfliches, schließlich stützen sie das Netzwerk, erweitern die Dezentralisierung und erschweren das „Hacken" der Blockchain.

Da sich die Mining-Difficulty an die gesamte Hashing-Power, also an die Rechenleistung des Netzwerkes, anpasst, steigt die Mining-Difficulty mit zunehmender Beliebtheit und höherem Bitcoin-Preis. Schließlich ist es lukrativer, Bitcoins zu minen, wenn der Preis nicht bei 100 € liegt, sondern bei 100.000 €. Denn die ausgeschüttete Bitcoin-Menge ist bereits durch den Sourcecode vorgeschrieben und vollständig unabhängig vom Preis eines Coins.

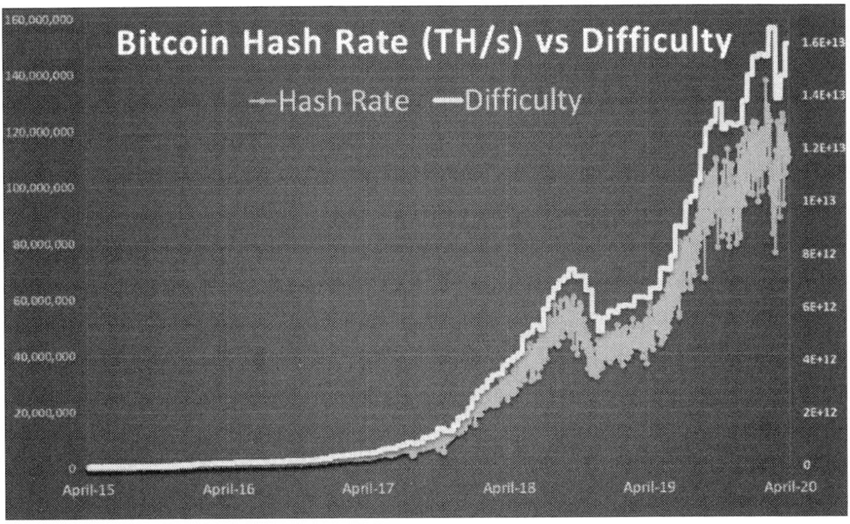


*Abbildung 30 Historischer Verlauf der Bitcoin-Mining-Difficulty und der gesamten Hashrate*
*Quelle: https://bitcoinmagazine.com/business/introducing-cbei-a-new-way-to-measure-bitcoin-network-electrical-consumption*

Mittlerweile hat das Bitcoin-Mining solche Ausmaße angenommen, dass Firmen gegründet worden sind, deren gesamtes Geschäftsmodell darauf beruht, Rechenmaschinen herzustellen, die nur einen einzigen Zweck haben: die Berechnung des SHA256-Algorithmus.

Firmen wie bitman aus China erstellen komplexe Schaltkreise, sogenannte ASIC-Miner (anwendungsspezifische intrigierte Schaltkreise), die den SHA256-Algorithmus deutlich effizienter berechnen können als jeder High-End-Computer. Das neueste Modell, der Antminer S19 Pro, schafft beispielsweise 110 Billionen Hashberechnungen pro Sekunde!

*Abbildung 31 Bitman antminser S19 Pro*

Der ursprüngliche Dezentralisierungsgedanke, dass jede Privatperson zu Hause mit ihrem Computer als Miner auftreten kann, wurde so deutlich zurückgedrängt.

Große Mining-Farmen, meist ansässig in China, besitzen teilweise über 25 % der gesamten Hashing-Power.

Seit Beginn des Bitcoins ist jedoch auch zu beobachten, dass die gesamte Hashing-Leistung immer weiter zunimmt, ebenso wie die Verteilung der Hashing-Power.

Dennoch wäre es fatal, wenn eine Person zu viel Rechenleistung anhäufen könnte.

Wenn eine Person oder eine Personengruppe die absolute Mehrheit der Rechenleistung aufbringen kann, ist das Risiko einer 51 % Attacke möglich.

## 4.3. Der 51 % Angriff

Ein 51 % Angriff oder eine 51 % Attacke bedeutet, dass eine Gruppe von Minern die komplette Kontrolle über ein Netzwerk übernehmen kann.

Wenn eine Gruppe 51 % oder mehr der gesamten Hashing-Power eines Netzwerkes besitzt, kann sie frei über die Regeln der entstehenden Blockchain entscheiden. Sie kann Transaktionen bestätigen oder ablehnen und sogar double-spending durchführen.

Das hat den Hintergrund, dass 51 % absolut gesehen die größte Hashing-Leistung des Netzwerks sind. Dadurch können die Miner am schnellsten die benötigten Nonces finden und Blöcke lösen. Folglich ist die Kette von Blöcken der „Angreifer" länger als alle anderen und wird von allen Nodes als Konsensus aufgefasst.

In der Realität ist diese Art von Angriff bei der Bitcoin Blockchain und vielen anderen großen Kryptowährungen vollkommen unbegründet. Es ist nahezu unmöglich, über 50 % der gesamten Hashing-Power anzuhäufen. Das Netzwerk ist so weit verbreitet, dass keine Personengruppe genügend Rohstoffe und Energie zentrieren könnte, um an über 50 % der Rechenleistung zu gelangen. Bei kleineren, nicht derart weit verbreiteten, Kryptowährungen, kam es jedoch schon sehr häufig zu solch einer Art von Angriff.

Dazu nehmen wir wiederum die größte Kryptowährung: Bitcoin. Bitcoin verwendet den SHA-256 Algorithmus. Eine andere Kryptowährung mit dem Namen **Bitcoin-Cash** verwendet den gleichen Algorithmus, hat jedoch nur etwa 1 % der Größe von Bitcoin.

1 % der Bitcoin-Hashing-Power entspricht daher 100 % der Bitcoin-Cash-Hashing-Power. Wenn sich eine Gruppe, die lediglich 1 % der Hashing-Power des gesamten Bitcoin-Netzwerks besitzt, dazu entscheidet, die Bitcoin-Cash Blockchain anzugreifen, besitzt sie bereits 50 % der Hashing Power und könnte somit beinahe einen 51%-Angriff fahren.

Das ist in der Vergangenheit bereits häufig passiert und kommt bei kleineren Coins immer wieder vor. Es ist zwar nicht möglich, die Blockchain rückwirkend zu verändern, es gibt jedoch die Möglichkeit, als Community, die entstandene Blockchain nicht mehr anzuerkennen. Wenn es zu solch einem 51 % Angriff kommen würde, hat die Community eine sehr einfache Möglichkeit, sich der Angreifer zu entledigen. Die Rede ist von einem Fork.

## 4.4. Forken einer Blockchain

**Forken**, zu Deutsch *Abspaltung oder Gabelung*, beschreibt den Vorgang des Aufspaltens einer Blockchain in zwei (oder mehr) Blockchains.

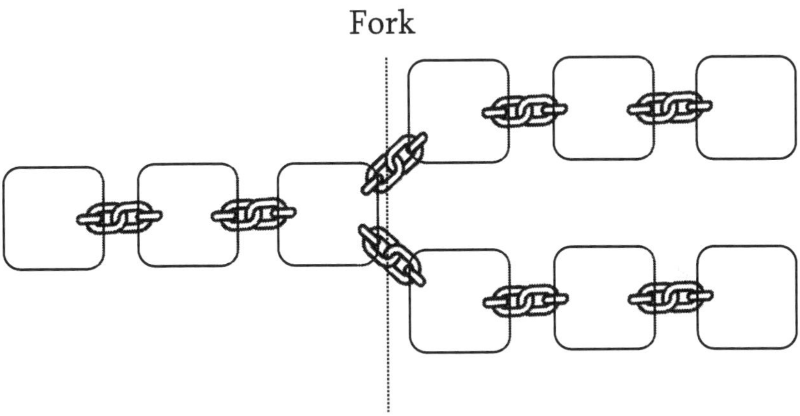


*Abbildung 32 Gabelung einer Blockchain*

Die Bitcoin Blockchain wurde schon mehrfach geforked, beispielsweise in Bitcoin SV, Bitcoin Cash oder Bitcoin Gold.

*Abbildung 33 Von links nach rechts: Bitcoin Cash BCH , Bitcoin Gold BTG , Bitcoin SV BSV*

Deshalb wird die Bitcoin Blockchain oftmals auch als **Bitcoin-Core** oder **Bitcoin Main** bezeichnet, um sie eindeutig von anderen geforkten Bitcoin Blockchains zu unterscheiden.

Ein Fork läuft so ab, dass sich ein Teil der Community dazu entscheidet, ab einem bestimmten Block der Blockchain, das zugrundeliegende Protokoll, also den Sourcecode, zu verändern.

Eigentlich gilt der Sourcecode als „heilig“ und sollte niemals verändert werden. Trotzdem kann ein Fork in bestimmten Situationen sinnvoll sein. Veranschaulichen wir das Forken wiederum mithilfe einer Analogie.

Mal angenommen, die Blockchain wäre ein Feldweg, auf dem wir entlangfahren können. Die Miner sind die Straßenbauer, die mit Baggern und Presslufthammern statt mit Rechenleistung arbeiten. Sie erbauen Stück für Stück eine lange Straße, die wir Bitcoin-Core nennen und auf der wir uns fortbewegen können.

Plötzlich kommt eine Gruppe von Personen daher und sieht Schwächen in der Bauweise der Straße. Sie ist nicht breit genug, es können nicht genug Autos durchfahren, die Bauweise ist nicht stabil und so weiter. Sie sehen es als notwendig an, die Straße auf eine andere Art weiterzubauen und die Bauregeln zu ändern. Dem stimmen jedoch nicht alle zu. Für die andere Gruppe ist die Straße vollkommen ausreichend, oder sieht sie sogar als besser an.

Als Resultat spaltet sich die Straße, und eine neue, parallele Straße namens Bitcoin-Cash entsteht. Beide Straßen werden parallel weitergebaut.

Ein Miner/Straßenbauer muss sich dabei auch entscheiden, welcher Blockchain er seine Rechenleistung zur Verfügung stellt. Schließlich kann er nicht gleichzeitig die Bitcoin-Cash- und die Bitcoin-Core-Straße bauen.

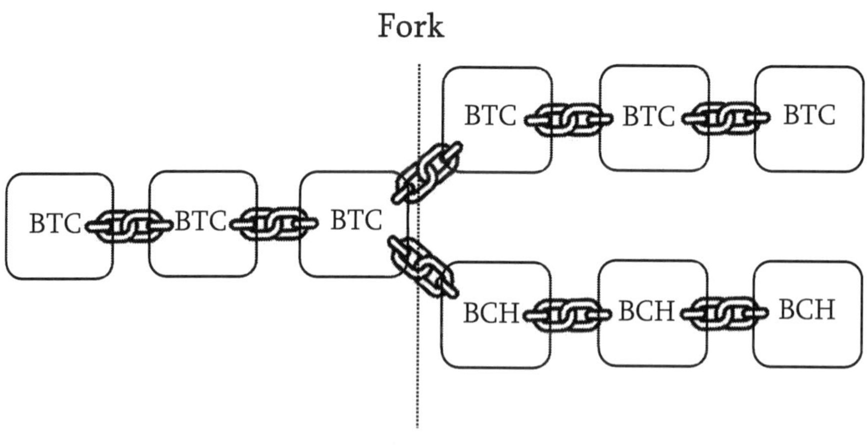


*Abbildung 34 Bitcoin Cash Fork*

Wenn sich die Blockchain in zwei getrennte Ketten aufspaltet, wird dieser Vorgang auch als **Hard-Fork**, zu Deutsch *harte Aufspaltung*, bezeichnet. Die Straßen sind **nicht kompatibel** miteinander. An einer Stelle hinkt der Vergleich allerdings doch: Als Benutzer können wir beide Blockchains weiterverwenden. Nachdem am 1. August 2017 aus der Bitcoin Blockchain die Bitcoin-Cash-Blockchain abgespalten wurde, mussten sich die Miner entscheiden, die Nutzer jedoch nicht.

Es kommt noch besser: Wenn wir zum Zeitpunkt eines Forks Coins der ursprünglichen Währung, in diesem Falle Bitcoin, besitzen, dann besitzen wir automatisch auch Coins der neuen Blockchain.

Das bedeutet: Wenn wir am 1. August 2017 1 BTC auf unserem Bitcoin-Konto hatten, haben wir nach dem Fork immer noch 1 BTC auf unserem Konto, jedoch zusätzlich 1 BCH (Bitcoin Cash) auf unserem neuen BCH-Konto. Dieses Konto hat die gleiche Adresse und wir können durch den gleichen Private Key auf unsere Coins zugreifen, schließlich ist es bisher nur eine Kopie der bisherigen Bitcoin Blockchain gewesen. Das mag etwas verwirrend klingen, aber wir müssen uns vor allem in Erinnerung rufen, dass wir nicht unsere Coins besitzen, sondern lediglich unseren Private Key. Bei einem Fork werden alle Adressen, sprich alle Public Keys und alle Private Keys, 1:1 auf die neue Blockchain kopiert.

Warum wird Bitcoin nicht öfters geforked? Schließlich erhält jeder, der Bitcoin besitzt, auch jedes Mal Coins der neuen Währung umsonst, oder?

Prinzipiell ist das korrekt, jedoch muss zunächst eine Nachfrage für die neue Währung da sein. Außerdem müssen genug Personen bereit sein, ihre Rechenleistung zur Verfügung zu stellen, um den neuen Coin zu minen. In der Realität sind bisher 99 % aller Forks von Bitcoin in der Bedeutungslosigkeit verschwunden.

Um ein paar Beispiele zu nennen: Bitcoin Gold, Bitcoin Platin, BIG Bitcoin, Bitcore, super Bitcoin etc.

Ein weiteres Beispiel für einen „Hackerangriff", der gezwungenermaßen zu einem Hard-Fork geführt hat, hat bei der Kryptowährung **Ethereum** stattgefunden.

*Abbildung 35 Logo Ethereum*

Ethereum ist nach Bitcoin die zweitgrößte Kryptowährung. Die Währung wird in Ether (ETH) angegeben.

Ebenso wie Bitcoin verwendet Ethereum Proof of Work zur Konsensbildung.

Bei der Ethereum Blockchain gab es eine „Ungenauigkeit“, die sich im Jahr 2016 ein Hacker zunutze machen konnte. Es gelang ihm, 3,5 Millionen ETH (das entsprach damals 60 Millionen Euro) von einem Teil der Community zu stehlen. Ein großes Chaos brach aus – so etwas hatte es zuvor noch nie gegeben. Nachdem sich der erste Nebel gelegt hatte, stand die Community vor der Frage: Sollen wir einen Hard-Fork anstoßen und den Hacker aus dem Netzwerk „bannen“?

Die Idee dahinter ist, dass somit auch der Hack rückgängig gemacht werden würde und der Hacker nicht mehr länger Kontrolle über die Coins hätte. Es gab jedoch auch eine Gruppe von Personen, die der Meinung waren, dass es nicht sinnvoll ist, da solch eine Aktion zeigt, dass der Code zu leicht verändert werden kann. Nach dem Prinzip „Der Sourcecode ist Gesetz“ hielten sie an der Blockchain mit den gehackten Coins fest.

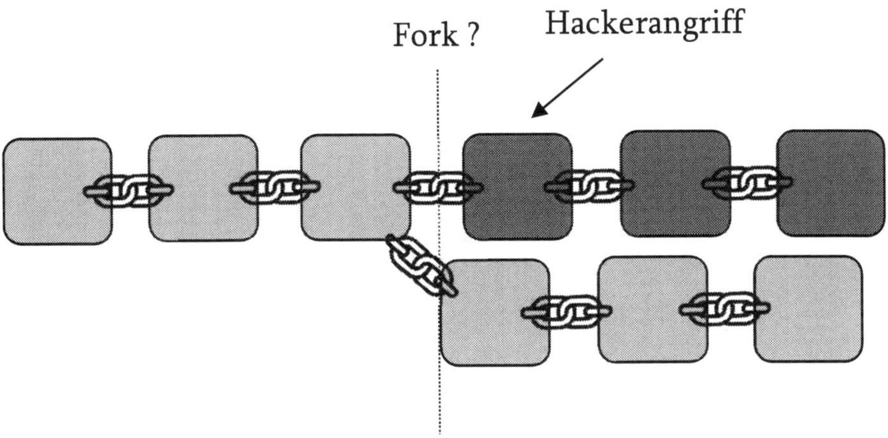


*Abbildung 36 Sollte man die Blockchain nach dem Hackerangriff forken?*

Die Gruppen konnten sich nicht einigen und ironischerweise mischte sich sogar der Hacker selbst in die Diskussion ein. Er beharrte darauf, dass er nichts llegales getan habe, da er lediglich eine Schwachstelle der Ethereum-Blockchain ausgenutzt hatte. Er hatte sogar mit seinen Anwälten Rücksprache gehalten.

Letztendlich kam es jedoch trotzdem zu einem Hard-Fork. Die Blockchain, die den Hack nicht „rückgängig" gemacht hat, erhielt den Namen Ethereum Classic. Das Ethereum, das heutzutage präsent und gleichzeitig die zweitgrößte Kryptowährung ist, hat den Hack rückgängig gemacht.

Die Miner mussten sich ebenfalls entscheiden: Stellen sie ihre Rechenleistung dem Ethereum oder dem Ethereum Classic Netzwerk zur Verfügung? Der Großteil entschloss sich bis heute für das Ethereum Netzwerk.

Auf der Ethereum Blockchain hat der Hacker keine Coins stehlen können, denn sein Hack wurde neutralisiert und die Schwachstelle ausgebessert. Auf der Ethereum Classic Blockchain hingegen hat er die „gestohlenen" Coins behalten.

Die Moral von der Geschicht: Neue Techniken sind immer mit Risiken verbunden. Auch zeigt diese Geschichte, dass selbst ein Hack durch die dezentrale Community überstanden werden kann. Viele Personen behaupten, dass diese Probe Ethereum sogar gefestigt hat und aufzeigen konnte, dass kein Hacker eine Chance gegen die Blockchain und die Community hat – auch wenn ein Fehler aufgedeckt wird.

Ethereum Classic ist hingegen im Laufe der Jahre immer unpopulärer geworden. Wenn von Ethereum die Rede ist, ist damit explizit das Ethereum gemeint und nicht Ethereum Classic.

*Abbildung 37 Logo Ethereum (links) und Ethereum Classic (rechts)*

Wir haben bisher die radikalste Art eines Forks kennengelernt. Insgesamt gibt es mehrere Arten, eine Blockchain zu forken, beispielsweise einen **Source-Fork.**

Bei einem Source-Fork wird der bestehende Sourcecode einer Kryptowährung kopiert und an einigen Stellen verändert. Anschließend wird die Blockchain von Null an gestartet. Da es keine übereinstimmenden Blöcke gibt, ist ein Source-Fork nicht als wirklicher Fork einer bestimmten Blockchain anzusehen. Wir erhalten auch keine Coins, wenn wir beispielsweise vor dem Fork bereits Bitcoins besitzen.

Ein Beispiel für einen Source-Fork von Bitcoin ist die Kryptowährung **Litecoin**.

*Abbildung 38 Logo Litecoin*

Litecoin (Abkürzung LTC) wird oftmals als kleiner Bruder Bitcoins bezeichnet und ist technisch gesehen beinahe 1:1 identisch mit dem Bitcoin-System. Lediglich der Name und einige Parameter wurden verändert. So wurde beispielsweise die angestrebte Blockzeit von zehn Minuten auf **2,5 Minuten** verringert. Dadurch können viermal so viele Transaktionen stattfinden. Gleichzeitig werden auch viermal so viele Litecoins ausgeschüttet, sodass nicht 21 Millionen, sondern **84 Millionen LTC** die Obergrenze an allen jemals auftretenden Litcoins bildet.

Litecoin hat außerdem das Problem erkannt, dass der SHA256-Algorithmus mithilfe von ASICs sehr effizient berechnet werden kann. Ein ASIC ist so leistungsfähig wie Hunderte Computer. Dadurch ist es einfacher, die Rechenleistung des Netzwerks zu zentrieren. Es werden deutlich weniger Ressourcen und Energien benötigt.

Deshalb wurde bei Litecoin ein anderer Algorithmus ausgewählt, der speziell für „Standard-Hardware" erstellt wurde, um einer Zentralisierung von Rechenleistung vorzubeugen. Der Scrypt-Algorithmus von Litecoin lässt sich nicht durch ASICs effizienter berechnen. Da das Netzwerk insgesamt viel kleiner ist, ist ein Angriff hier trotzdem deutlich leichter als bei Bitcoin.

Als letzte Fork-Methode ist der **Soft-Fork** zu nennen. Wie der Name schon suggeriert, handelt es sich nicht um einen harten Schnitt, sondern um einen weichen Übergang. Der Fork ist eher eine Art **Upgrade** der bisherigen Blockchain als eine Aufspaltung. Der Vorteil ist, dass ein Soft-Fork oftmals rückwärtskompatibel ist. Analog wie beim Updaten eines Programms auf dem Computer oder dem Smartphone kann man trotzdem noch die alte oder die neue Version nutzen.

Nachdem wir das Prinzip des Minings verstanden, und die verschiedenen Fork-Varianten kennengelernt haben, schauen wir uns einmal an, welchen Einfluss das Mining auf die Umwelt hat.

## 4.5. Einfluss des Minings auf die Umwelt

Oftmals ist in den Medien oder in Talkshows der Einwand zu hören, dass es zwar schön und gut sei, dass sich ein paar „Geeks" virtuelle Münzen hin und her schicken, aber dass mittlerweile das Mining solche Ausmaße angenommen hat, dass das gesamte Bitcoin-Mining mehr Strom verbraucht als einige Länder insgesamt.

Warum der Strom nicht verschwendet, sondern zu 100 % sinnvoll verwendet wird, werden wir noch genauer betrachten. Nichtsdestotrotz sind die stromhungrigen Mining-Computer natürlich nicht zu unterschätzen.

Rund 50 % der Miner sind in China ansässig. Diese zeigen zwar einen großen Trend zu erneuerbaren Energien auf, setzen aktuell jedoch noch stark auf Kohle und Gas.

Von einigen Klimaaktivisten wurde bereits ein Bitcoin-Verbot gefordert. Abgesehen davon, dass Bitcoin nicht verboten werden kann (auch darauf kommen wir später noch zu sprechen), sind einige Einwände durchaus gerechtfertigt.

Folgendes müssen wir verstehen: Auch wenn das Finanzsystem nicht optimal ist und Bitcoin die Lösung sein könnte, sind der Klimawandel und die damit verbundenen Auswirkungen sehr verheerend. Der Klimawandel hat Auswirkungen auf die Menschen, auf die Natur und auch auf das Finanzsystem.

Allerdings muss der Stromverbrauch des Minings immer relativ zu anderen Stromverbräuchen betrachtet werden. Aktuelle Studien zeigen, dass etwas weniger als die Hälfte der Energie, die für Mining verwendet wird, zu 100 % regenerativ gewonnen wird und bereits rund 80 % der Miner auf dem Umstieg zu günstigen, grünen Energiequellen sind. Denn die Energiegewinnung aus Solar- und Windkraft ist günstiger als der Strom aus Kohle oder Öl. Bitcoin steht der grünen Energie nicht im Weg, sondern fördert diese.

Auch konstatieren Bitcoin-Befürworter, dass der Bitcoin für ein **freies Finanzsystem** steht. Es steht für ein **Grundrecht der Menschen**.

Die weltweite Telekommunikation und Unterhaltungselektronik, sprich Netflix, Videospiele und Co., verbrauchen um ein Vielfaches mehr an Ressourcen, leisten allerdings einen deutlich geringeren Beitrag für eine freie Gesellschaft.

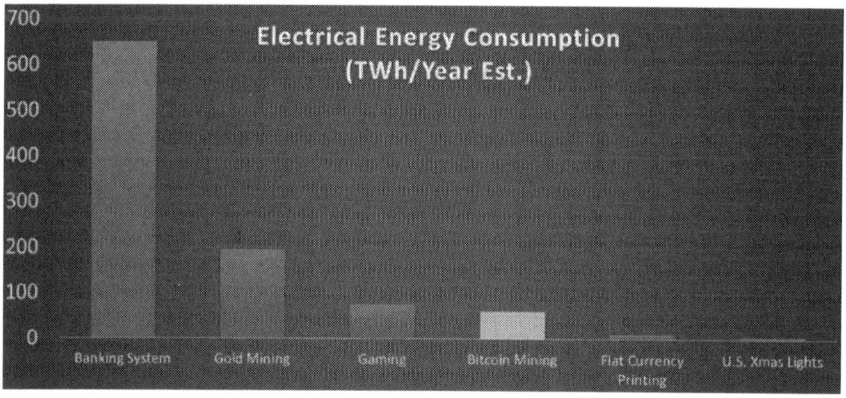


*Abbildung 39 Weltweiter Stromverbrauch verschiedener Verbrauchfelder*
*Quelle: https://bitcoinmagazine.com/business/introducing-cbei-a-new-way-to-measure-bitcoin-network-electrical-consumption*

Außerdem ist oftmals zu beobachten, dass Politiker oder Wirtschaftsvorstände, die sich zuvor niemals um die Umwelt gesorgt haben, plötzlich Bitcoin als Klimakiller betiteln, bei anderen, oder teilweise ihren eigenen, Klimazielen jedoch nicht so genau hinsehen. Es drängt sich also die Frage auf, ob wirklich die Rettung unseres Planeten oder doch der Erhalt zentraler Machtstrukturen das Anliegen dieser Personen ist.

Ungeachtet dessen ist der Umweltaspekt ein Thema, das nicht ungehört bleiben darf. Vor allem die absoluten Emissionen steigen mit zunehmender Beliebtheit und zunehmenden Preisen der Kryptowährungen, was wiederum immer mehr Miner anlockt.

Welche Alternativen gibt es? Schließlich haben wir gesehen, dass das Mining technisch notwendig ist, um Sicherheit zu gewährleisten. Es gibt Unternehmen, die die Emissionen, die durch das Bitcoin Mining entstanden sind, neutralisieren, beispielsweise indem Wälder aufgeforstet werden. Aktuell kostet es lediglich **20**

**€,** die $CO_2$ Emissionen eines Bitcoins seit seiner Entstehung ungeschehen zu machen.

Die einzige Lösung auf langfristiger Sicht ist eine vollständige Deckung des Minings durch erneuerbare Energien. Große Technologie-Firmen wie die Square Inc. haben die *Bitcoin Clean Energy Investment Initiative* ins Leben gerufen, um den Strom für das Mining nachhaltig, aus erneuerbaren Energien, zu gewinnen. Ziel ist es, das weltweite Mining bis ins Jahr 2030 gänzlich auf grüne Energie umzustellen.

Es gibt jedoch auch eine technische Lösung, die weniger Strom benötigt. Dafür müssen wir allerdings andere Kompromisse eingehen. Wir haben bereits das Proof of Work Mining kennengelernt. Eine andere Art, Konsensus zu kreieren, ist das sogenannte **Proof of Stake** Verfahren.

## 4.6. Proof of Stake

**Proof of Stake**, POS kann am ehesten mit *Nachweis auf Anspruch/Besitz* übersetzt werden.

Im Gegensatz zu POW wird die Sicherheit eines Netzwerkes nicht gewährleistet, indem Rechenleistung zur Verfügung gestellt wird, sondern indem die Teilnehmer, die einen Block validieren, **Guthaben in Form von Coins** hinterlegen müssen.

Wir können uns das so vorstellen, als würde jeder, der an der Lösung eines Blocks beteiligt ist, sein Guthaben als Versicherung hinterlegen. Wenn jemand eine böse Absicht hat, einen Block verfälschen möchte und erwischt wird, verliert er sein Guthaben. Deshalb hat niemand einen Anreiz, aus der Reihe zu tanzen.

Jeder, der Geld besitzt, erhält ein **Stimmrecht**. Anschließend werden durch eine demokratische Abstimmung die Blöcke verifiziert. Je mehr Vermögen eine Person besitzt, desto mehr Stimmrechte besitzt sie. Die Belohnungen für das Lösen den Blocks, also die Transaction Fees und Block Subsidy, erhält wiederum jeder, der an der Konsensbildung beteiligt war, anteilig.

Dieses Verfahren benötigt keine energiehungrigen Rechenmaschinen. Außerdem können wir jederzeit einsehen, welches Konto wie viel Stimmrechte besitzt. Auch für die Halter der Coins ist der Proof-of-Stake-Algorithmus von Vorteil. Sie erhalten für das Bereitstellen ihrer Coins eine Rendite in Form der ausgeschütteten Coins. Sie benötigen keine teuren Rechenmaschinen oder günstigen Strompreise.

Auch wenn das Proof-of-Stake-Verfahren auf den ersten Blick nur Vorteile bietet, sind einige schwerwiegende Problematiken damit verknüpft. Zum einen handelt es sich um ein kapitalistisches System, bei dem Geld bzw. Vermögen automatisch auch einen gewissen Machtanspruch mit sich bringt.

Außerdem erhalten diejenigen, die bereits das meiste Vermögen besitzen, auch absolut gesehen, die meisten Belohnungen für das Lösen eines Blocks. Allmählich bilden sich Monopole, die immer mehr Einfluss dazugewinnen. Wir sehen in unserer jetzigen Welt bereits, dass sich die Geldmenge mit der Zeit immer stärker zentriert. Über 50 % der weltweiten Geldmenge liegen bei lediglich 1 % der Menschen. Übertragen auf den Proof-of-Stake-Ansatz bedeutet dies, dass wenn dieses 1 % der Menschen sich zusammentun würden, sie genug Stimmrechte hätten, um die Regeln der Blockchain zu ändern. Natürlich ist das auch wieder eine sehr hypothetische Annahme, und es gäbe weitere Mechanismen, um auch solch einem Konglomerat vorzubeugen. So ist es beispielsweise so, dass für eine grundlegende Systementscheidung innerhalb des Netzwerks 90 % statt 51 % Zustimmung benötigt wird. Eine Systementscheidung wäre beispielsweise die Frage, wie die Stalking-Rewards, also die „Dividende", ausgeschüttet werden soll.

Es ist einzuwenden, dass alle Blockchains, die auf POS basieren, erstaunlich wenige Probleme mit Monopolbildungen aufzeigen.

Beim Proof-of-Work-Konzept hingegen sind solche Ansätze prinzipiell nicht möglich.

Ein weiterer, technischer Nachteil, der bis heute noch nicht vollständig behoben wurde, ist die Möglichkeit, die Blockchain zu **forken**. Da bei einem Fork die Coins auf beiden Blockchains erhalten bleiben, müssen sich die Besitzer der Coins nicht entscheiden, auf welcher Blockchain sie „minen", sondern sie können ihre Macht in beiden Blockchains fortsetzen.

| | **Proof of Work** | **Proof of Stake** |
|---|---|---|
| Sicherheit durch | Verrichten von Arbeit | Beweisen von Vermögen |
| Verhalten bei einem Hardfork | Die Coins sind auf beiden Blockchains vorhanden | Die Coins sind auf beiden Blockchains vorhanden |
| Konsensusbildung | Mining | Validatoren (Vermögensbesitzer) |
| Vorteile | Schwere Monopolbildung | Weniger Ressourcen |
| Nachteile | Umweltthematik | Hard-Fork-Problem |

Wir sehen also: Das eine ist nicht automatisch besser als das andere oder umgekehrt.

Einige Kryptowährungen setzen auf POW, andere auf POS. Was sich langfristig für ein bestimmtes Einsatzgebiet durchsetzen wird, wird die Zukunft zeigen.

Inzwischen haben wir die wichtigen Bausteine einer Blockchain und von Kryptowährungen kennengelernt.

Nachdem wir uns mit einigen generellen Aspekten wie dem Mining auseinandergesetzt haben, schauen wir uns im folgenden Kapitel an, wie die Transaktionen auf der Blockchain gespeichert werden. Denn oftmals wird Bitcoin vorgeworfen, dass Bitcoin sehr anonym und intransparent sei. Bitcoin werde deshalb für illegale Geschäfte verwendet und sollte verboten werden.

Aber wie transparent ist Bitcoin überhaupt, und was ist der Unterschied zwischen Transparenz und Anonymität?

# 5. Transparenz und Anonymität

Wenn wir herausfinden möchten, wie transparent oder anonym eine Blockchain ist, müssen wir zunächst einmal die Begrifflichkeiten klar voneinander trennen. Denn viele Begriffe wie Transparenz und Anonymität werden im alltäglichen Sprachgebrauch häufig durcheinandergeworfen oder nicht korrekt verwendet.

## 5.1. Transparenz der Blockchain

**Transparenz** beschreibt die Eigenschaft, dass eine **dritte Person** eine Aktion innerhalb eines Systems **leicht erkennen** und **nachvollziehen** kann. In Bezug auf Geldflüsse bedeutet dies, dass eine Person den Geldfluss von einem auf ein anderes Konto einsehen kann, auch wenn es nicht das eigene ist. Und genau das ist bei Bitcoin und den meisten Kryptowährungen der Fall. Die Blockchain ist die Transaktionshistorie, die alle ehemaligen Transaktionen beinhaltet. Sie ist frei einsehbar und für jedermann zugänglich.

Die Blockchain ist zu 100 % transparent. Jede Person kann jederzeit alle Kontostände und Geldflüsse, die jemals stattgefunden haben, einsehen. Wir können uns auch problemlos das Konto von Satoshi Nakamoto anschauen, vorausgesetzt wir wissen, welches Konto ihm gehört.

Im Vergleich zur Blockchain-Technologie sind heutige Bankensysteme nicht transparent. Wir können keine anderen Geldflüsse außer unsere eigenen einsehen. Auch wenn die Blockchain transparent ist, ist sie gleichzeitig vollkommen anonym. Wir müssen die Transparenz eines Systems klar von der Anonymität trennen.

## 5.2. Anonymität der Blockchain

Das Wort **Anonymität** wird aus dem Griechischen abgeleitet. Es kann mit „ohne Namen" oder „kein Name" übersetzt werden.

Anonymität ist bei der Blockchain ebenfalls zu 100 % gegeben. Wir haben in den ersten Kapiteln dieses Buches bereits gesehen, dass wir uns für das „Eröffnen" einer Bitcoin Adresse (Public Address) lediglich einen privaten Schlüssel mit einer Länge von 256 Zeichen ausdenken müssen. Daran kann uns niemand hindern. Außerdem kann auch niemand vom Public Key auf die Person, sprich den Namen, das Alter, die Herkunft oder das Geschlecht, schließen. Bitcoin und die Blockchain-Technologie sind daher zu 100 % anonym und gleichzeitig zu 100 % transparent.

Auch wenn beides in der Theorie zutrifft, ist in der Realität die Anonymität nicht vollständig gegeben. Dieser Effekt wird auch als Pseudo-Anonymität bezeichnet.

## 5.3. Pseudo-Anonymität

**Pseudo-Anonymität** beschreibt, dass die Anonymität in einem eigentlich 100 % anonymen System durch die hohe Transparenz automatisch aufgelöst wird.

Sobald wir einer kleinen Personengruppe eindeutig eine Bitcoin-Adresse zuordnen können, können wir aufgrund der Transaktionen dieser Adresse auf die Besitzer anderer Adressen rückschließen.

Wenn wir jeden Monat, zum 1. des Monats, einen gewissen Betrag an eine Person senden, gehört das dazugehörige Konto wahrscheinlich einem nahen Verwandten, unserem Vermieter oder einer Bank, bei der wir uns einen Kredit geliehen haben. Da die Ein- und Austrittsstellen nicht anonym sind, löst sich die Anonymität nach und nach auf.

Das ist nicht nur eine theoretische Betrachtung der Anonymität, sondern auch in der Praxis gang und gäbe. Nach heutigen Schätzungen können 80-90 % aller Bitcoin-Adressen eindeutig ihren realen Besitzern zugeordnet werden.

Ein Grund, warum das möglich ist, sind die Ein- und Austrittspunkte, die überwacht werden. Oftmals muss man beim Kauf von Bitcoins oder anderer Kryptowährungen seine Personalien bestätigen, sodass die Adresse eindeutig zugeordnet werden kann, noch bevor überhaupt eine Transaktion stattgefunden hat.

De facto können wir festhalten, dass im Bitcoin-Netzwerk wenig bis keine Privatsphäre gegeben ist. Welche Auswirkungen dies auf die Alltagstauglichkeit von Kryptowährungen hat, sehen wir uns später genauer an. Zunächst betrachten wir Kryptowährungen, die durch verschiedene „Tricks" dennoch komplett anonym sind.

## 5.4. Private Coins

Wir haben bisher nur die Blockchain-Technologie kennengelernt, die alle Rückschlüsse auf Transaktionen zulässt. Es gibt jedoch auch Kryptowährungen, bei denen ein Block nicht vollständig transparent ist.

Diese Kryptowährungen werden als **Private Coins** oder **Privacy Coins**, zu Deutsch *Privatsphäre-Münzen*, bezeichnet. Diese Blockchains lassen keine genauen Rückschlüsse darauf zu, wer von wem wie viel Geld erhalten hat.

Eine der ersten Kryptowährungen, die als Private Coin entstand, ist **Monero (XMR)**.

*Abbildung 40 Logo Monero*

Bei den Blockchains, die wir bisher betrachtet haben, signiert jeder Teilnehmer seine eigene Transaktion. Dadurch ist es im Umkehrschluss leicht zu durchschauen, wer wem Geld gesendet hat.

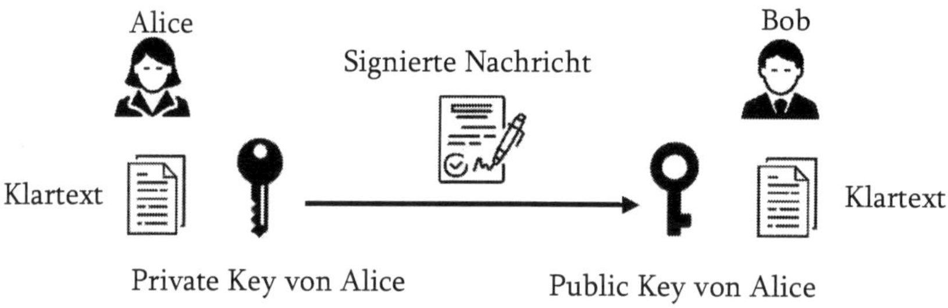


*Abbildung 41 Digitale Signatur einer Nachricht*

Technisch betrachtet wird bei den Private Coins die Privatsphäre erhöht, indem mehrere Personen nicht nur die eigene Transaktion signieren, sondern auch andere Transaktionen. Die Rede ist dann von einer **Ringsignatur**

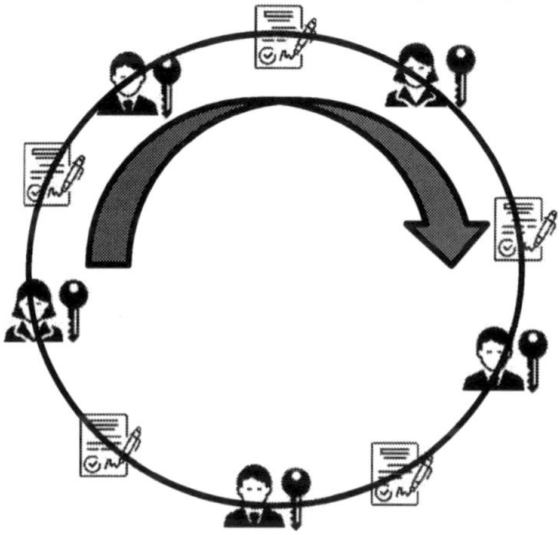

*Abbildung 42 Digitale Ringsignatur*

Die Teilnehmer signieren einen Block bzw. ihre Transaktionen im Block gemeinsam.

Alle Teilnehmer der Ringsignatur können bestätigen, dass die Transaktionen zulässig sind, jedoch ist von außen nicht mehr konkret ersichtlich, von wo und wohin das Geld geflossen ist.

Als greifbareren Vergleich stellen wir uns vor, eine Personengruppe würde Geld zusammenlegen. Beispielweise möchten Alice 200 €, Bob 100 € und Charlie 50 € an andere Personen überweisen. Sie treffen sich und bestätigen, dass der jeweils andere über das nötige Geld verfügt. Alice bestätigt (signiert), dass Bobs Transaktion in Ordnung ist, Bob bestätigt Charlies und Charlie bestätigt Alice' Transaktionsvorhaben.

Anschließend zahlen sie gemeinsam 350 € auf der Bank ein und senden das Geld, wohin sie möchten. Die Bank sieht nicht, wie viel Alice, Bob oder Charlie individuell eingezahlt haben. Alles, was die Bank sieht, ist eine Transaktion mit dem Gesamtbetrag.

Mittlerweile ist nicht mehr eindeutig geklärt, ob Ringsignaturen wie die von Monero noch ausreichend anonym sind. Die Monero-Community arbeitet jedoch bereits an der Implementierung eines weiteren Algorithmus, der die Anonymität der Nutzer noch weiter erhöhen soll.

Es gibt weitere Kryptowährungen, die ebenfalls eine vollständige Anonymität garantieren. Diese sind aktuell allerdings eher Nischenprodukte.

Wir haben bisher schon viele Wirkungsweisen der Blockchain kennengelernt und oftmals Bitcoin als konkretes Beispiel herangezogen. Mitunter sind andere Kryptowährungen wie Ethereum, Bitcoin Cash oder Monero erwähnt worden. Nun schauen wir uns einige dieser alternativen Kryptowährungen im Folgenden genauer an. Worin liegen ihre Vorteile, worin die Nachteile? Und macht es Sinn, auf eine Alternative zu Bitcoin zu setzen?

# 6. Altcoins

Der Begriff **Altcoins** ist eine Abkürzung für *alternative Coins.* Damit ist jede Kryptowährung gemeint, die nicht Bitcoin ist.

Der komplette Kryptomarkt lässt sich somit in Bitcoin und alternative Coins (Altcoins) einteilen.

Jede Kryptowährung, egal ob Bitcoin oder Altcoins, besitzt einen Namen, den Namen der Währung und eine Abkürzung der Einheit, die aus wenigen Buchstaben besteht.

Beispiel: Der Name der größten Kryptowährung ist **Bitcoin**. Die Einheiten werden ebenfalls in **Bitcoin** angegeben und mit **BTC** abgekürzt.

Bitcoin und die Blockchain wurden im Jahr 2008 vorgestellt, seither ist Bitcoin die mit Abstand größte Kryptowährung. Die Größe einer Kryptowährung wird, ähnlich wie bei Aktien, anhand der **Marktkapitalisierung** (eng. *market cap*) gemessen. Die Marktkapitalisierung ist der Preis des Coins einer Kryptowährung multipliziert mit der aktuellen Anzahl aller Coins.

$$Marktkapitalisierung = Preis\ pro\ Coin \cdot Anzahl\ der\ Coins\ im\ Umlauf$$

Wenn ein Bitcoin 10.000 € kostet und es aktuell 15 Millionen Coins auf dem Markt gibt, beträgt die Marktkapitalisierung:

$$10.000\ € \cdot 15.000.000 = 150.000.000.000\ € = 150\ Milliarden\ Euro$$

Im Umkehrschluss bedeutet dies: Wenn ein Coin 100 € kostet, ist er nicht automatisch beliebter, größer oder besser als ein Coin, der 50 Cent kostet. Es kommt immer auf die Anzahl der Coins an, die im Umlauf sind. Wenn vom letzteren Coin tausendmal so viele Coins im Umlauf sind, ist die Marktkapitalisierung größer.

Die Reihenfolge der größten Blockchain-Technologien wird anhand der Marktkapitalisierung gemessen, nicht anhand des absoluten Preises.

Dass absolut gesehen kleinere Coins beliebter sind, ist ein psychologischer Effekt, den viele Neulinge im Kryptobereich spüren. Sie sehen, dass ein Bitcoin 10.000 € kostet und ein Bitcoin Cash nur 100 €. Sie greifen dann lieber zum Bitcoin Cash, ohne die Anzahl der sich im Umlauf befindlichen Coins zu betrachten.

Wie bereits erwähnt, führt Bitcoin die Rangliste der Kryptowährungen mit großem Abstand an.

**Die Bitcoin-Dominanz** beschreibt, welchen Anteil Bitcoin am gesamten Kryptomarkt ausmacht. Die Bitcoin-Dominanz liegt seit der Entstehung der Blockchain-Technologie im Bereich von 70 %. Das bedeutet, dass allein in Bitcoin 70 % des gesamten Kapitals des Krypto-Marktes steckt. Alle Altcoins zusammen haben lediglich 30 % des Kapitals inne.

Diese Bitcoin-Dominanz schwankt im Laufe der Jahre. Die Bitcoin-Dominanz war am Tiefpunkt bei unter 30 %, lag jedoch auch schon über 90 %.

Wenn man häufiger auf Kryptobörsen unterwegs ist, wird man Begriffe wie „Marktkapitalisierung" und „Bitcoin-Dominanz" häufig hören. Es gibt viele Internetseiten, auf denen die aktuellen Daten einsehbar sind.

Die erste Anlaufstelle, um den aktuellen Preis und die Rangliste der größten Kryptowährung einzusehen, bietet die Internetseite **coinmarketcap.com.**

CoinMarketCap

*Abbildung 43 Logo CoinMarketCap*

Coinmarketcap ist eine **riesige Datenbank**, in der die Preise von nahezu allen existierenden Kryptowährungen minutenaktuell dargestellt werden. Hier können wir uns über den aktuellen Preis der Kryptowährungen sowie deren Performance erkundigen. Die Seite bildet den Durchschnitt aller Börsenplätze auf denen die Kryptowährungen gelistet sind ab. Dieses Vorgehen ist das gleiche Verfahren, wie auch der aktuelle Börsenkurs einer Aktie ermittelt wird. Auch die Bitcoin-Dominanz wird auf CoinMarketCap angezeigt.

*Abbildung 44 Auszug von CoinMarketCap von Tether-USDT*

Bei Betrachtung der Preise bestimmter Coins fällt auf, dass einige Coins im zeitlichen Verlauf weder fallen noch steigen, beispielsweise die Kryptowährung USDT. Ist das Zufall?

## 6.1. Stablecoins

In den frühen Anfängen des Kryptomarktes gab es noch einige Probleme. Die Krypto-Tauschbörse **Bitfinex** hat beispielsweise das Problem erkannt, dass jeder Kauf und Verkauf von Kryptowährungen über eine Bank ablaufen muss.

*Abbildung 45 Logo Bitfinex*

Wenn wir Bitcoins kaufen wollen, müssen wir Geld auf ein Bankkonto einzahlen. Dafür erhalten wir dann Bitcoins. Dabei haben wir mit der Blockchain-Technologie doch bereits die perfekte Methode, mit der wir genau das umgehen können.

Um diesen Mittelsmann aus dem Kauf- und Verkaufsprozess herauszunehmen, hat die Firma Bitfinex eine Kryptowährung erschaffen, die den Wert von einem US-Dollar abbildet.

Dafür wurden eine Milliarde US-Dollar auf einem Bankkonto hinterlegt und eine Milliarde sogenannte **Tether (USDT)** zum Kauf angeboten.

*Abbildung 46 Logo Tether*

Bitfinex ist eine Tauschbörse für Kryptowährungen. Die Tauschbörse hat einen großen finanziellen Anreiz, einen „digitalen US-Dollar" zum Handel anzubieten. Bei jedem Tausch von USDT zu Bitcoin oder anderen Kryptowährungen verdient nun die Börse und nicht die Bank.

Statt seine Bitcoins gegen „echtes" Geld zu verkaufen, kann man sie in USDT tauschen. Die Firma hinter Tether garantiert, dass wir für den Tether-Coin bei Bedarf auch einen US-Dollar ausgezahlt bekommen. Eigentlich würde der Preis der Währung schwanken, genau wie alle anderen Kryptowährungen. Dem steuert Tether aktiv entgegen.

Wenn die Coin-Nachfrage zu niedrig ist, gleicht Tether die Kursschwankungen durch Kaufen des Coins aus. Ist die Coin-Nachfrage hingegen zu hoch, wirkt Tether dem entgegen, indem neue Coins ausgegeben werden, sodass der Nominalwert von 1 USD eingehalten werden kann.

$$1\ USDT\ (US - Tether)\ =\ 1\ USD\ (US - Dollar)$$

Da diese Arten von Coins wie Tether einen stabilen Wert besitzen, werden sie als **Stablecoins**, zu Deutsch *stabile Währung/Münzen*, bezeichnet.

**Stablecoins** sind ein wichtiger Bestandteil des Kryptosystems. Sie bilden eine Art Brücke von Gold- oder Fiat-Währungen wie dem Euro, dem Dollar, dem Yen oder dem Schweizer Franken in die Kryptowelt. Stablecoins sind Coins, die an einen Vergleichswert geknüpft und durch einen echten **Gegenwert gedeckt** sind.

Ein weiterer Aspekt in Bezug auf die Ausgabe des Tether-Coins war, dass diese Kryptowährungen nicht als Währung angesehen wurden und infolgedessen viele Regulations-Hürden für die Börse Bitfinex wegfielen.

Wichtig bei Stablecoins ist, wie auch im Papiergeldsystem, dass die Währung **gedeckt ist**. Gedeckt bedeutet, dass zu jedem Tether-Coin auch ein entsprechender US-Dollar auf einem Bankkonto eingefroren ist. Nur so kann der Wert von Tether sichergestellt werden. Stellen wir uns vor, es gäbe eine Milliarde Tether-Coins, aber es sind nur eine Million Dollar auf einem Bankkonto hinterlegt. Wenn alle Besitzer gleichzeitig ihren Tether-Coin in Fiat-Geld umtauschen wollen, würde das nicht funktionieren. Bei unserem Bankensystem ist das gang und gäbe. Die Banken besitzen in der Regel unter 5 % des Geldes, das sie verleihen. Wenn nun die Menschen, wie in der Griechenlandkrise, ihr Geld physisch abheben möchten, ist das schlicht nicht möglich, da die Bank nicht genügend Mittel besitzt.

Analog wie das Gelddrucken der Zentralbanken wäre eine Vermehrung von Tether ohne, dass ein realer Gegenwert hinterlegt ist, eine Entwertung des bestehenden Geldes.

Und genau hinsichtlich dieses Aspekts herrscht schon seit langer Zeit Kritik an Tether. Die Firma hinter Tether kann nicht zweifelsfrei beweisen, dass sie das Geld wirklich besitzt. Das ist allerdings für die Stabilisierung des USDT essenziell.

Bitfinex hat, in Bezug auf Tether, aktuell Klagen am Hals. Die Staatsanwaltschaft von New York wirft Bitfinex vor, Tether aus dem Nichts erschaffen zu haben und durch ihre enorme Marktmacht den Bitcoin-Kurs manipuliert zu haben, indem sie Bitcoins mit Tether ge- oder verkauft haben.

Wir sehen also: Sobald eine zentrale Institution ein Monopol über die Geldmenge besitzt, sind das Erschaffen und der Missbrauch von Geld verlockend.

Aus diesem Grund haben andere Börsen USDT entfernt und ihre eigenen Stablecoins ausgegeben.

Als Nächstes schauen wir uns die Kryptowährung an, die den zweiten Platz hinter Bitcoin belegt.

## 6.2. Ethereum

Als zweitgrößte Kryptowährung tritt seit Jahren **Ethereum** auf. Ethereum haben wir bereits im Kapitel über Mining und Hard-Forks angeschnitten. Im Folgenden wollen wir die Idee hinter Ethereum erkunden, denn im Gegensatz zu Bitcoin ist Ethereum keine gewöhnliche Kryptowährung.

Ethereum wurde im Jahr 2013 erstmalig vorgestellt und im Jahr 2015 umgesetzt. Anders als bei Bitcoin sind die Gründer bekannt und im ständigen Austausch mit der Community. Das Gesicht des Ethereum-Projekts bilden die Entwickler **Vitalik Buterin** und **Gavin Wood**. Vor allem **Vitalik Buterin** steht häufig im Rampenlicht und gilt als Aushängeschild von Ethereum. Er entwickelte Ethereum im Alter von nur 19 Jahren, hat einen IQ von 257 und ist die bekannteste Person im Kryptobereich.

Mittlerweile wird das Ethereum-Projekt außerdem von der Ethereum Foundation mit Sitz in der Schweiz weiterentwickelt.

Eine Foundation ist eine Gemeinschaft von Personen, die, im Gegensatz zu einem Unternehmen, keine Gewinne erwirtschaften (müssen), sondern sich unentgeltlich einem Projekt, in diesem Fall der Entwicklung des Ethereum-Netzwerks, widmen. Selbstverständlich profitieren die Entwickler indirekt von ihrer Arbeit, denn alle Entwickler besitzen auch selbst Ethereum-Coins und profitieren daher von steigenden Kursen und der Erhöhung des Bekanntheitsgrades Ethereums.

Die Entwickler arbeiten stetig an Verbesserungen. Es werden regelmäßig Verbesserungsvorschläge, sogenannte **EIPs** (Ethereum improvement proposal), vorgestellt und nach Absprache mit der Community umgesetzt.

Ethereum wird in **Ether (ETH)** angegeben. So, wie ein Bitcoin in mBTC oder Satoshi geteilt werden kann, kann ein Ether in kleinere Einheiten, den **Wei**, geteilt werden. Eine Milliarde Wei bildet ein Giga-Wei **Gwei** und eine Milliarde Gwei bilden ein ETH.

$$1\,ETH = 1.000.000.000\,Gwei = 1.000.000.000.000.000.000\,wei$$

Ethereum verwendet ebenfalls den **Proof-of-Work-Algorithmus**. Das bedeutet, dass die Transaktionen durch dezentrale Miner bestätigt werden und dafür Rechenleistung aufgebracht werden muss. Die Blockdauer bei Ethereum beträgt jedoch nur wenige Sekunden (circa 13 s). Noch mal zur Erinnerung: Bei Bitcoin sind es zehn Minuten. Außerdem verwendet Ethereum nicht den SHA256-Algorithmus zur Sicherung der Blockchain, sondern den **ETHash-Algorithmus**. Dieser kann effizient durch Grafikprozessoren berechnet werden. Der Gedanke dahinter war, dass Grafikkarten in der Regel mehr Leistung besitzen als ein Prozessor und dass somit dem Netzwerk mehr Rechenleistung und mehr Sicherheit zur

Verfügung steht. Außerdem soll der Zentralisierung der Rechenleistung durch ASICs entgegengewirkt werden.

Ethereum ist, im Gegensatz zu Bitcoin, unbegrenzt. Bei jedem Block werden **zwei neue Ether** an die Miner ausgeschüttet. Die Anzahl wird dabei nicht reduziert. Ethereum ist daher ein inflationäres System.

Wenn wir eine Ether-Transaktion verschicken möchten, müssen wir die Gebühr in ***Gas*** bezahlen. Der Preis für das Gas wird in Gwei angegeben. Die Begrifflichkeiten sind für Neulinge oftmals etwas verwirrend. Gwei ist, genauso wie Ether (ETH), die Währung Ethereums.

Wir können uns das *Gas* als Treibstoff für unsere Transaktion vorstellen. Je schneller wir die Transaktion bestätigt haben möchten, umso mehr Treibstoff benötigen wir und umso mehr *Gas* müssen wir für Gwei kaufen.

Wenn die Transaktion größer oder komplexer wird, benötigen wir entsprechend mehr *Gas*. In der Regel sind 21.000-40.000 Gas für eine Transaktion ausreichend. Wie viel *Gas* wir maximal verbrauchen möchten, können wir oftmals manuell einstellen.

Bei Ethereum handelt es sich, ebenso wie bei Bitcoin, um ein Höchstgebot-System. Die Transaktion, für die am meisten Gebühren (Gas) bezahlt wird, wird zuerst berechnet. Es wird immer nur so viel Gas verbraucht, wie nötig ist. Der Rest wird auf unser Konto zurückgezahlt.

*Abbildung 47 Beispiel Gebührenberechnung einer Ethereum-Transaktion*

Ein Beispiel: Wir möchten ein ETH verschicken. Der *Gas*-Preis für eine schnelle Transaktion kostet zum Zeitpunkt der Erstellung dieses Buches 134 Gwei. Wir stellen den maximalen Gas-Verbrauch auf 21.000 Gas. Dadurch ergibt sich eine maximale Transaktionsgebühr von $21.000 \cdot 134\, Gwei = 2.814.000$ Gwei. Um auf den Betrag in Ether und Dollar zu kommen, müssen wir Gwei in ETH umwandeln. Dafür müssen wir durch 1 Milliarde teilen. $2.814.000$ Gwei $=$ $0{,}002814$ ETH.

Bei einem ETH Kurs von 1900 USD ergibt das eine Transaktionsgebühr von circa 5,27 USD, also ungefähr 4,50 €.

Wenn wir ein Auto für 5000 € kaufen, sind Transaktionskosten von 4,50 € verträglich, um einen Kaffee zu bezahlen, sind diese Kosten jedoch vollkommen ungeeignet. Eine Lösung bietet **Ethereum 2.0.** Hierbei handelt es sich um eine Umstellung des aktuellen Protokolls, das wir uns ebenfalls noch anschauen werden.

Ethereum und Bitcoin haben ein sehr ähnliches Protokoll, jedoch unterscheiden die beiden Kryptowährungen sich in einem Punkt:

Im Gegensatz zu Bitcoin beschränkt sich Ethereum nicht auf das reine Senden und Empfangen von Coins, sondern positioniert sich als **dezentraler Super-Computer**, auf dem **dezentrale Apps** (**DApps**) ablaufen können. Die Basis bildet wiederum eine dezentrale Blockchain.

Auf jeder Full-Node wird nicht nur die Blockchain gespeichert, sondern ebenfalls die **Ethereum Virtual Machine (EVM)** ausgeführt. Alle Nodes zusammen bilden ein Netzwerk aus Computern – **ein virtueller, dezentraler Super-Computer.**

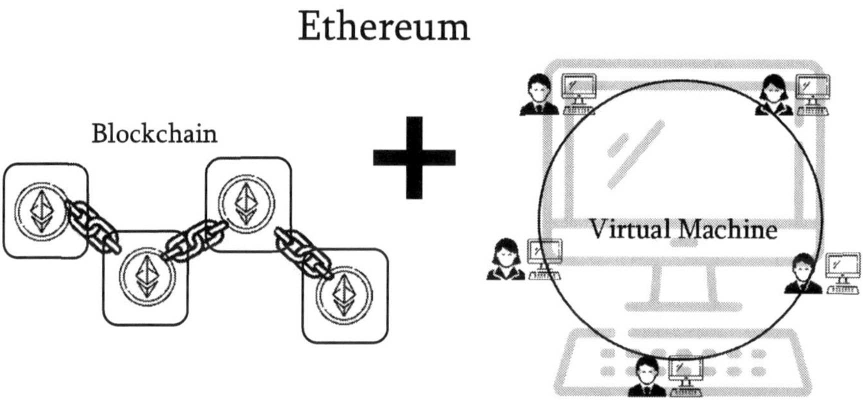


*Abbildung 48 Das Ethereum-Netzwerk besteht aus einer Blockchain und der virtuellen Maschine*

Wir können uns diesen Super-Computer wie ein riesiges Betriebssystem vorstellen, auf dem unabhängige Entwickler Programme installieren können, die dann jedermann nutzen kann. Die Programme werden auf jedem Computer, der eine Full-Node betreibt, ausgeführt.

So können beispielsweise über die Ethereum-Plattform Investorengelder gesammelt, Kaufverträge abgeschlossen oder sogar Spiele gespielt werden. Im Fokus stehen zumeist **Finanzanwendungen**, wobei es für den Anwendungsbereich keine Limitation gibt.

Realisiert werden die DApps durch sogenannte **Smart Contracts.**

## 6.3. Smart Contracts und ERC20-Token

Bitcoin wurde als Zahlungsmittel und Wertspeicher konzipiert. Ethereum hingegen besitzt noch eine weitere Funktion, nämlich die angesprochene Funktion als Super-Computer. Auf diesem dezentralen Super-Computer können sogenannte **Smart Contracts** ausgeführt werden.

**Ein Smart Contract**, zu Deutsch *intelligenter Vertrag*, kann mit einem gewöhnlichen Vertrag verglichen werden. Es gibt dabei zwei Vertragsparteien, die sich auf den Austausch von Waren oder Dienstleistungen einigen.

Ein Smart Contract ist ein Vertrag, der auf der Ethereum-Blockchain gespeichert bzw. auf dem virtuellen Computer des Ethereum-Netzwerks ausgeführt wird.

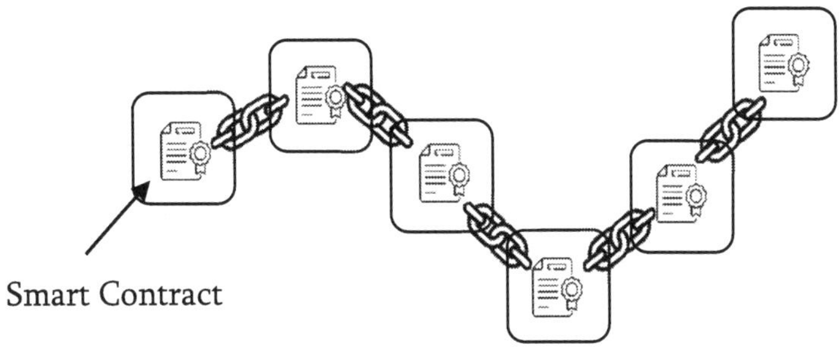


*Abbildung 49 Smart Contract auf der Blockchain*

Der Smart Contract löst sich automatisch ein, wenn eine zuvor festgelegte Bedingung eingetreten ist.

Da die Idee von intelligenten Verträgen sehr abstrakt ist, nehmen wir ein konkretes Beispiel zu Hilfe.

Alice möchte ihr Haus an Bob verkaufen. Sie haben einen Kaufpreis von 1000 ETH ausgehandelt. Normalerweise würden die beiden einen Mittelsmann benötigen, sei es eine Bank oder einen Notar, dem beide vertrauen. Das ist umständlich, zeitaufwendig und kostenintensiv. Stattdessen setzen sie einen Smart Contract auf, der die Besitzurkunde des Hauses automatisch an Bob weiterleitet, sobald die zuvor festgelegte Summe von 1000 ETH auf Alice' Konto eingegangen ist.

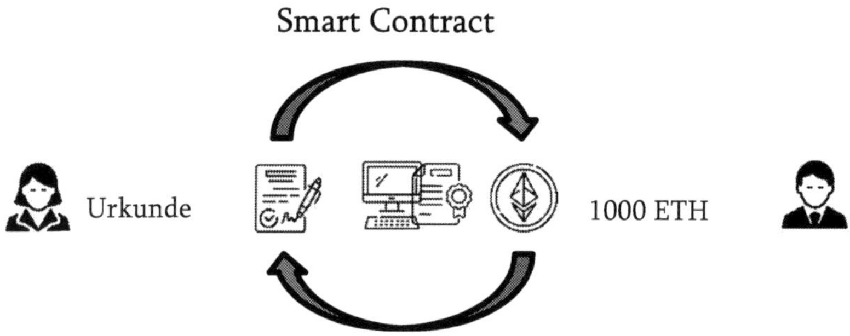


*Abbildung 50 Aufsetzen eines Smart Contracts*

Sobald Bob die 1000 ETH an den Smart Contract geschickt hat, erhält er die Urkunde. Alice bekommt im Gegenzug automatisch das Geld an ihre Ethereum-Adresse ausbezahlt. Dafür haben die beiden wenige Cent bis Euro an Transaktionsgebühren bezahlt. In einem zentralen System wären Hunderte Euro für einen Mittelsmann fällig geworden. Die Zeitersparnis ist hier noch gar nicht mitbedacht.

Es wird kein Mittelsmann mehr benötigt und die Ausführung des Smart Contracts kostet lediglich geringe Transaktionsgebühren auf der Blockchain.

Weitere Beispiele, wo Smart Contracts eingesetzt werden können, sind *Wahlen.* Diese können transparent, aber gleichzeitig anonym ablaufen. Wahlbetrug wäre faktisch nicht möglich.

Wenn ein Ereignis ausgeführt werden soll, sobald eine Bedingung erfüllt wurde, können Mittelsmänner mithilfe eines Smart Contracts umgangen werden. Dazu müssen sich die Bedingung und das Ereignis digital darstellen lassen.

Ein Smart Contract ersetzt das Vertrauen in einen Mittelsmann durch das Vertrauen in die Programmierung. Das bedeutet im Umkehrschluss auch, dass es zu Problemen kommen kann, wenn der Smart Contract nicht richtig verfasst worden ist.

Denn wenn ein Smart Contract einmal verfasst wurde, ist er **unveränderbar.**

Außerdem ist der Smart Contract **offen einsehbar** (Open Source) und führt sich automatisch aus, sobald die Bedingung eingetreten ist.

Smart Contracts werden auf der Ethereum-Blockchain ausgeführt und sind daher dezentral und gleichzeitig relativ günstig, abhängig von der Netzwerkauslastung.

Ein dezentrales Netzwerk ist aufgrund der vielen Teilnehmer langsamer als ein klassisches zentrales Netzwerk. Durch immer schneller werdende

Internetverbindungen ist der Unterschied meistens vernachlässigbar. Echtzeitanwendungen hingegen sind mit einem dezentralen System nur bedingt umsetzbar.

Einfache Verträge sind nicht die Grenze von Smart Contracts. Smart Contracts können sehr vielfältig eingesetzt werden. Sie können beispielsweise für die Erstellung von **Token** genutzt werden.

Ein Token ist vergleichbar mit einem Coin einer Kryptowährung, jedoch können Token auch eine Aktie, Urkunden, Zertifikate und vieles mehr repräsentieren. Ein Token ist nicht nur eine Währung, sondern ein allgemeines, virtuelles Objekt.

Der Sinn eines Token ist es, ein Objekt aus der realen Welt in der digitalen Welt darzustellen. Denkbar sind ein „VW-Golf-Token" oder ein „Siemens-Aktie-Token", der jeweils das Objekt der realen Welt widerspiegelt.

Um die Token zu erhalten, wird zunächst ein Smart Contract aufgesetzt. Anschließend müssen wir Ether an den Smart Contract schicken. Im Gegenzug erhalten wir eine bestimmte Anzahl an Token.

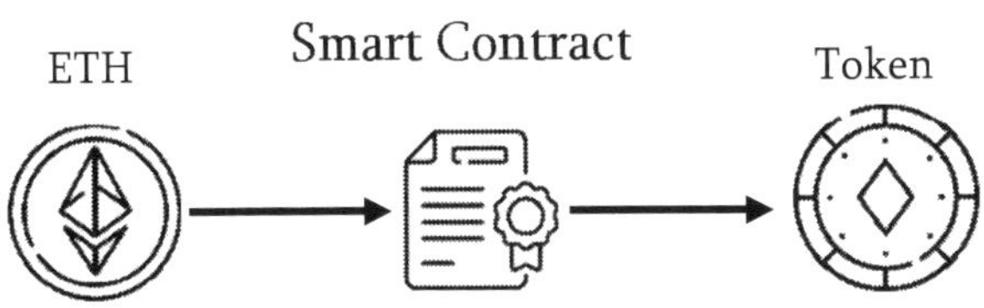


*Abbildung 51 Tokenausgabe durch einen Smart Contract*

Der Smart Contract ist nicht nur für die Ausgabe der Token zuständig, sondern auch für das Verwenden der Token an eine andere Adresse oder der Überwachung der Token-Menge.

Es ist wichtig, dass wir den Unterschied zwischen einem Coin und einem Token verstehen.

Ein Coin wie Ether oder Bitcoin ist die Währung der zugrunde liegenden Kryptowährung. Ein Token hingegen existiert nur innerhalb eines Smart Contracts auf der Ethereum-Blockchain (oder anderen Blockchains, die Smart Contracts unterstützen). Ein Token besitzt keine eigene Blockchain und keine eigene Adresse. Wir können auf die Token zugreifen, indem wir den entsprechenden Smart Contract auf der Ethereum-Blockchain nutzen.

Token werden in der Regel nicht gemined, sondern werden durch den Smart Contract ausgegeben. Token werden häufig mit einem konkreten Anwendungsziel erschaffen. Wir werden in den kommenden Kapiteln noch einige konkrete Beispiele kennenlernen.

Jeder Programmierer, der über Vorkenntnisse verfügt, kann einen individuellen Smart Contract aufsetzen und damit Token erstellen. So wurden mit der Zeit viele verschiedene Verträge und Token aufgesetzt und ausgegeben. Viele davon hatten keinen oder nur wenig Nutzen.

Es hat sich schnell herausgestellt, dass es einen **Standard für Token** geben muss, der als Richtlinie für die Erstellung eines Token dient. So entstand der **ERC20 Standard** (Ethereum Request for Comments). Die Token, die nach diesem Standard aufgesetzt wurden, werden als **ERC20 Token** bezeichnet.

Der ERC20 Standard kann verglichen werden mit einem Grundgerüst für einen Programmierer. Er gibt vor, dass jeder ERC20-Token auf der untersten Ebene die gleichen Eigenschaften und Funktionen beziehen muss. Dazu gehört beispielsweise, dass der Token einen **Namen** und eine **Abkürzung** (Symbol) besitzt und eine Maximalanzahl an Token definiert sein muss. Wird die maximale Anzahl überschritten, werden keine neuen Token mehr ausgegeben. Auch muss im Smart Contract eine Möglichkeit vorgesehen sein, die es überhaupt ermöglicht, den Token von einer Adresse zu einer anderen zu verschicken.

Diese Vorgabe erleichtert es, **standardisierte Schnittstellen** für diese Token anzubieten, um sie leichter handeln oder versenden zu können.

Das Erstellen von ERC20 Token ist standardisiert und sehr einfach zu realisieren. Mittlerweile gibt es über 100.000 verschiedene ERC20 Token auf dem Markt.

Allerdings ist es dadurch sehr schwierig zu erkennen, wie viel Wert ein neues Token-Projekt bietet. Beinahe jeder kann, auch ohne Programmierkenntnisse, mit einer Idee und ein wenig Internet-Recherche einen ERC20 Token erstellen.

So auch im Krypto-Hype 2017/2018. Damals sind zahlreiche neue Token erstellt worden. Viele dieser Token basierten auf keinem realen Konzept oder Anwendungsfall. Stattdessen wurden mithilfe von Marketing und vielen Versprechungen Investoren (oftmals Privatpersonen) davon überzeugt, in diese Token zu investieren. In diese **ICOs** (Initial Coin Offerings) Projekte floss ein Gesamtvolumen von über 4 Milliarden Euro.

Die ICO-Blase platzte Anfang 2018. Viele Projekt haben bis heute über 90 % ihres Höchststands verloren.

Häufig wurde das versprochene Projekt nie realisiert und die Gründer haben sich lediglich selbst bereichert.

Natürlich sind nicht alle ERC20 Projekte automatisch schlecht, es ist allerdings wichtig, sich ausreichend darüber zu informieren, ob die gemachten Versprechungen auch tatsächlich eingehalten werden können.

Neben Ethereum gibt es zahlreiche andere Kryptowährungen, die als Blockchain für die Erstellung von Smart Contracts und Token verwendet werden können, beispielsweise die Kryptowährung NEO. NEO wird auch als *chinesisches Ethereum* bezeichnet. Es verfolgt den gleichen Ansatz wie Ethereum. NEO möchte alle Daten auf die Blockchain transferieren und durch Token darstellen. Die Rede ist dabei von der **Tokenisierung** der Welt. Weitere Kryptowährungen, die den gleichen Ansatz verfolgen, werden wir im Zuge der Ethereum-Alternativen näher beleuchten. Ethereum hat jedoch die mit Abstand größte Menge an aktiven Nutzern. Daher wird die Ethereum Blockchain für die Erstellung von Token und Anwendungen, die auf Smart Contracts aufbauen, mit Abstand am meisten genutzt.

Nachdem wir uns Token und Smart Contracts angesehen haben, widmen wir uns nun der Frage, wofür wir Smart Contracts und Token überhaupt benötigen.

Die Smart Contracts und Token, die auf der Ethereum-Blockchain basieren, bilden die Grundlage für **dezentrale Anwendungen**.

## 6.4. DApps

Ein Smart Contract, wie wir ihn bisher kennengelernt haben, kann meistens eine simple Funktion ausführen. Es ist eine Anweisung nach dem Prinzip: „Wenn X passiert, dann führe Y aus".

Ein Smart Contract kann jedoch noch deutlich komplexer werden. Um selbst einen Smart Contract zu verfassen, sind, wie bereits erwähnt, Programmierkenntnisse vonnöten. Die Smart Contracts, die auf der Ethereum Blockchain aufsetzen, werden in einer eigens dafür entwickelten Programmiersprache mit dem Namen **Solidity** programmiert. Mittlerweile gibt es auch Schnittstellen zu gängigeren Programmiersprachen, sodass deutlich mehr Programmierer am System Ethereum partizipieren können. Auch ohne Vorkenntnisse in der Programmiersprache Solidity ist es für einen Programmierer relativ simpel geworden, einen Smart Contract aufzusetzen.

Ein Smart Contract ist aber eben nur ein relativ simples Konstrukt. Jedoch können wir aus diesen einfachen Bausteinen komplexere Anwendungen aufbauen. Das funktioniert, indem sich die Smart Contracts gegenseitig auslösen, und ist vergleichbar mit einer Domino-Kettenreaktion.

*Abbildung 52 Mehrere Smart Contracts greifen ineinander*

All das findet auf dem dezentralen Computer statt und wird auf der Blockchain gespeichert.

Da die Applikation, die aus den einzelnen Smart Contracts besteht, dezentral auf der Blockchain ausgeführt wird, spricht man von **dezentralen Applikationen**, kurz **DApps**. Eine DApp kann alles sein, beispielsweise ein Online-Spiel, eine Social-Media-Webseite oder eine riesige Datenbank.

Alles, was wir in die digitale Welt bringen können, kann durch Smart Contracts und DApps realisiert werden.

Ein Beispiel für ein dezentrales Spiel, das vollkommen autonom auf der Ethereum Virtual Machine ausgeführt wird, sind die **Krypto-Kitties.**

Unter der Webseite https://www.cryptokitties.co/ können wir virtuelle Katzen sammeln, tauschen und sie züchten. Es handelt sich um ein klassisches Sammelspiel, vergleichbar mit digitalen Pokémon-Karten.

*Abbildung 53 Krypto-Kitties Startseite*

Um am Spiel teilzunehmen, müssen wir Ether auf unser Katzenkonto senden und können dann eine oder mehrere Katzen kaufen.

Die Katzen, die wir sammeln können, können sich auch untereinander paaren. Daraus entstehen wiederum neue Katzen, die ähnlich aussehen wie ihre Eltern, und dennoch ist jede Katze einmalig.

Wir können die Sinnhaftigkeit dieses Spiel anzweifeln, für das Ethereum Netzwerk waren die Krypto-Kitties jedoch die erste richtige dezentrale Anwendung.

Welchen Vorteil haben wir nun aber davon, dass das Spiel dezentral auf der Blockchain läuft und nicht, wie jedes andere Spiel, auf einem zentralen Server der Spieleentwickler?

Dazu schauen wir uns einmal eine Geschichte aus der Kindheit des Erfinders von Ethereum, Vitalik Buterin, an.

Vitalik spielte früher das Spiel World of Warcraft (WoW). Ein Open-World Spiel, bei dem man sich mit anderen Spielern in einer virtuellen Welt treffen, Aufgaben bewältigen und Gegenstände sammeln kann. Es war das absolute Lieblingsspiel Vitaliks.

Doch eines Tages entfernte der Spieleentwickler Blizzard einen seiner Lieblingsgegenstände. An diesem Tag weinte sich Vitalik nach eigenen Aussagen in den Schlaf und realisierte, wie schrecklich unfaire Zentralisierung sein kann.

*„Ich habe 2007-2010 World of Warcraft gespielt und war glücklich mit dem Spiel, aber eines Tages entfernte Blizzard die Schadenskomponente aus dem Lebensentzug-Zauber*

*meines geliebten Hexenmeisters. Ich weinte mich in den Schlaf und erkannte an diesem Tag, welche Schrecken zentralisierte Dienste bringen können." - Vitalik Buterin*

Auch wenn der Verlust einer virtuellen Fähigkeit in WoW nicht so tragisch zu sein scheint, zeigen die Krypto-Kitties, wie man es besser machen kann. Ebenso wie unsere Kryptowährungen gehören uns die Kitties zu 100 % selbst. Es gibt keine Institution, die sie uns wegnehmen, uns vom Handel ausschließen oder den Account schließen kann. Die Community bestimmt über die Regeln, Verbesserungen etc.

Streng genommen ist auch eine DApp nicht 100 % dezentral. Denn um die Anwendung auf unserem Computer ausführen zu können, benötigen wir Programme, die die Darstellung der Inhalte ermöglichen. Ähnlich wie wir einen Internet-Browser benötigen, um ins Internet zu gelangen. Diese Programme laufen auf zentralen Servern.

Der Vorteil besteht darin, dass wir jederzeit auch von jedem anderen Server auf das dezentrale Netzwerk zugreifen können. Wenn der PC oder der Browser defekt ist, kommen wir über einen anderen Computer ins Internet gehen.

Die Krypto-Kitties haben noch etwas anderes deutlich gemacht: Jeder Kauf, Tausch und jede Fortpflanzung der Krypto-Kitties wird durch einen Smart Contract realisiert. Dieser bildet Transaktionen auf der Ethereum-Blockchain ab.

Das bedeutet: Jedes Mal, wenn sich zwei Katzen paaren oder wir die virtuellen Katzen tauschen, wird eine Transaktion auf der Ethereum-Blockchain angestoßen. Das kostet den Spieler Geld und erhöht die Netzwerkauslastung.

Zum Höhepunkt im Jahr 2017 war das Ethereum-Netzwerk wegen den Krypto-Kitties beinahe vollkommen ausgelastet. Über 13 % aller Transaktionen war allein auf das Sammelspiel zurückzuführen. Auch das zeigt, dass das Netzwerk noch Skalierungsschwierigkeiten überwinden muss.

Zukünftig entwickeln sich DApps, genau wie das ganze Ethereum Netzwerk, stetig weiter. DApps werden deutlich an Bedeutung hinzugewinnen.

Spiele sind jedoch nicht der einzige Anwendungsbereich von DApps. Eine weitere Anwendungsmöglichkeit sind DAOs.

## 6.5. DAOs

Ein Beispiel für eine Anwendung auf der Ethereum-Blockchain haben wir bereits kennengelernt. Bei den Krypto-Kitties stand der Spaß- und Sammelfaktor im Vordergrund. Bei **DAOs** stehen wirtschaftliche Unternehmen, die auf der Blockchain abgebildet werden können, im Vordergrund.

Eine **Decentralized Autonomous Organizations DAO**, zu Deutsch *dezentrale, autonome Organisationen*, sind Organisation, die keinen Vorstand bzw. kein entscheidendes Personal besitzen. Stattdessen sind alle Regeln durch Smart Contracts festgeschrieben.

Eine DAO läuft vollständig autonom auf der Ethereum-Blockchain. Jeder Prozess innerhalb des Unternehmens wird in der Ethereum-Blockchain als Transaktion abgespeichert.

Die Vorgehensweise des Aufsetzens eines DAOs läuft immer gleich ab:

Zunächst wird das Unternehmen „gegründet". Dabei werden die Regeln in Smart Contracts verfasst. Diese kann jeder einsehen.

Anschließend wird ein Crowdfunding gestartet, bei dem man sich die zukünftigen Token sichern kann. Das ist wichtig, damit das Unternehmen Startkapital aufbaut.

Indem wir Geld, beispielsweise in Form von Ether, an das Unternehmen senden, können wir Teil des Unternehmens werden. Wir erhalten im Gegenzug einen Token. Dieser ist vergleichbar mit dem Kauf einer **Aktie** des Unternehmens. Wenn man ein gutes Unternehmen wählt, kann man sein Geld als „Aktionär" vermehren. Allerdings kann es auch passieren, dass das Unternehmen bei potenziellen Anlegern kein Interesse wecken kann und man somit sein investiertes Geld komplett verliert.

Sobald die DAO finanziert wurde, wird es gestartet. Ab sofort läuft es komplett autonom. Alle Entscheidungen werden von der Community, sprich den Haltern der DAO-Token, entschieden. Die Community kann vorschlagen, wofür das Kapital verwendet wird.

Bei Entscheidungsprozessen innerhalb des Unternehmens wird demokratisch mit den Token abgestimmt.

Dabei kann in den Smart Contracts beispielsweise vorgeschrieben sein, dass eine Änderung nur übernommen wird, wenn mindestens 60 % der Anteilseigner, sprich der Besitzer der Token, dafür stimmen.

Jeder Mitarbeiter bzw. Investor kann in das Unternehmen investieren und hat prozentual zu seinen Anteilen das gleiche Stimmrecht. Es gibt keine hierarchischen Strukturen wie in einem zentralen Unternehmen.

Dadurch, dass die Blockchain dezentral ist, werden keine zentralen Entscheidungsgremien benötigt. Stattdessen läuft die komplette Konsensusfindung dezentral auf der Ethereum-Blockchain ab.

Ein Beispiel einer solchen DAO ist **Steemit.**

*Abbildung 54 Logo steemit.com*

Steemit wurde im Jahre 2016 gegründet und ist eine dezentrale Social-Media- und Blogging-Plattform. Sie beruht auf der Steem-Blockchain.

Unter der URL https://steemit.com/ können wir auf das dezentrale Forum zugreifen. Nutzer können Inhalte erstellen, lesen und sich miteinander austauschen. Außerdem werden Nutzer für gute Inhalte belohnt. Nicht ein zentrales Unternehmen, sondern die Nutzer selbst entscheiden darüber, was als *gut* angesehen wird.

Wie so oft wird der Faktor Vertrauen vollkommen aus dem Spiel genommen. Die Regeln, nach denen das Unternehmen agiert, sind in den öffentlichen Smart Contracts festgelegt.

Ein weiteres Beispiel für eine DAO ist ein „Investmentfonds/Unternehmen". Jeder, der in das Unternehmen investiert und dadurch Kapital einzahlt, erhält ein Stimmrecht in Form eines Token. Anschließend können wir regelmäßig abstimmen, in welche Aktien, in welche Immobilien oder andere Anlageklassen das Unternehmen investieren soll, wann es kaufen und wann es verkaufen soll. Dabei können wir alle Regeln selbst festlegen oder neue Vorschläge einreichen, über die dann ebenfalls abgestimmt wird. Beispielsweise ist ein automatischer Bonus an alle Investoren möglich, wenn ein Investment gut gelaufen ist. Auch müssen wir keiner zentralen Börse vertrauen und benötigen keinen kostenintensiven Fondsmanager.

Die Einsatzgebiete von DAOs sind vielfältig.

Wir müssen uns dabei im Klaren sein, dass die Startregeln des Unternehmens, sprich die Smart Contracts, von Menschen programmiert wurden und Fehler enthalten können, die ein Endnutzer ohne Programmierkenntnisse nicht ohne Weiteres nachvollziehen kann (nicht einmal erfahrene Programmierer oder Sicherheitsfirmen können das immer zweifelsfrei).

Das zeigt ein sehr populäres Beispiel: *The DAO*.

**The DAO**

Häufig liest man von einer Implementation, die sich „The DAO“ nennt. Dabei handelte es sich um eines der ersten und größten DAO-Projekte. Das Projekt The DAO hat den DAO-Hype erkannt und seine Kryptowährung ebenfalls the DAO genannt. Das ist so, als würde sich eine Firma „künstliche Intelligenz“ nennen, nur um automatisch attraktiver auf Anleger zu wirken.

The DAO wurde im Jahr 2016 von der Firma *Slock.it* entwickelt und auf der Ethereum-Blockchain ausgeführt. Es handelte sich um eine Art Investmentfirma.

Hier konnte man seine Ether in DAO-Token tauschen. Mit seinen DAO-Token konnte man dann an Abstimmungen darüber teilnehmen, wie das dezentrale, autonome Unternehmen gesteuert werden soll.

The DAO war ein **Open Source Projekt**. Denn jeder kann die Smart Contracts, die als Fundament eines DAOs dienen, einlesen. The DAO erlangte innerhalb weniger Monate enorme Beliebtheit. Jedoch hatte der Smart Contract von DAO eine Sicherheitslücke:

Es war möglich, DAO-Token für Ether auszugeben und im Nachhinein zurückzufordern. Ein Angreifer entdeckte am 17. Juni 2016 diese Schwachstelle und konnte so in kurzer Zeit 3,6 Millionen Ether erbeuten. Zum damaligen Zeitpunkt belief sich der Wert auf circa 70 Millionen Euro.

Der Hacker konnte die Token ausgeben, die ETH zurückfordern und so weiter. Theoretisch wäre das unendlich lange möglich, er begnügte sich jedoch mit 3,6 Millionen ETH.

Als Reaktion fiel der Kurs des The-DAO-Token innerhalb weniger Stunden um über 70 %.

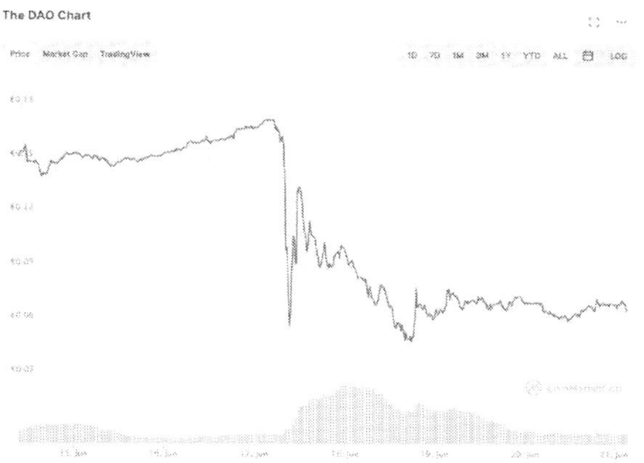


*Abbildung 55 Kursverlauf des "The DAO Coin"*

Glücklicherweise gab es eine Sicherheitsvorkehrung, die den Hacker daran hinderte, mit den Coins zu verschwinden: Bevor die zurückgezahlten Coins ausgegeben werden können, gab es eine Haltesperre von 28 Tagen. Die Community bemerkte den Vorfall schnell und hatte von nun an 28 Tage Zeit zu entscheiden, wie mit diesem Problem umgegangen wird.

Als Reaktion auf den Vorfall entfachte eine Diskussion und der Angreifer verteidigte sich. Streng genommen handelte es sich **nicht** um einen Hack, denn der Angreifer hat nichts Illegales getan. Er hat lediglich eine Schwäche des Smart Contracts erkannt und diese in seinem eigenen Sinne ausgenutzt.

Er betonte in einem offiziellen Statement, dass ihm die Coins rechtmäßig zustehen, er sich rechtlich korrekt verhalten hat und dass ein Hard- oder Softfork dem Ansehen von Ethereum immens schaden würde. Man könnte nicht mehr darauf vertrauen, dass der Code nicht „willkürlich" geändert werden kann. Jede Art von Hard- oder Softfork würde das Ende von Ethereum sein.

Ob das wirklich seine Meinung war oder ob er einfach nur den Wert seiner erbeuteten Coins retten wollte, steht in den Sternen. Der Großteil der Community hörte jedenfalls nicht auf ihn und stieß einen Hardfork an.

Kommt uns dieser Angriff nicht bekannt vor? Haben wir nicht ein ähnliches Szenario bereits angesprochen? Genau: Als Reaktion auf diesen Angriff wurde der Hardfork angestoßen, aus dem Ethereum Classic entstand. Jetzt verstehen wir auch die Hintergründe hinter dem Angriff, der seither als **DAO-Hack** bekannt ist. Wir verstehen auch, dass es sich nicht um einen Fehler der Ethereum-Blockchain handelte, sondern um einen Fehler in einem Smart Contract, der lediglich auf der Blockchain lief und von Menschen programmiert wurde.

Das sah auch der Ethereum-Gründer Vitalik Buterin so und hielt sich zunächst aus der kompletten Diskussion rund um den anstehenden Fork heraus.

Da über 15 % der gesamten ETH im DAO-Netzwerk waren, beschäftigte sich der Gründer schlussendlich doch mit dieser Thematik und erarbeitete den Fork, bei dem die Adresse des Angreifers auf eine Art „Blacklist" gesetzt wird, sodass er nicht auf die Coins zugreifen kann.

Auch wenn es wohl die richtige Entscheidung war, zeigt dieses Beispiel auf, dass das Protokoll nicht in Stein gemeißelt ist und durch die Community geändert werden kann.

Trotz dieses unglücklichen Ereignisses können wir festhalten, dass Smart Contracts ungeahnte Möglichkeiten mit sich bringen. DApps, Token oder DAOs. Dezentrale Anwendungen, deren Regeln für jedermann einsehbar sind, werden zukünftig von großer Relevanz sein.

## 6.6. Ethereum-Alternativen

Schlussendlich sehen wir, dass Ethereum bereits heute einige Anwendungsfälle wie beispielsweise Crowdfunding (Finanzierung eines Projekts durch mehrere, zum Teil private, Investoren) deutlich erleichtert und die Möglichkeiten in der Zukunft scheinbar unbegrenzt sind.

Ethereum und andere dezentrale Netzwerke werden den gesamten Banken-, Versicherungs- und Vermittlungssektor verändern. Mittlerweile erkennen auch Banken und Finanzdienstleiser die Vorzüge der Blockchain und wollen selbst von diesen Technologien profitieren.

Ethereum ist die erste große Blockchain-Technologie, die sich nicht mehr primär als Währung, sondern als dezentraler Riesencomputer positionierte. Wie bei jeder neuen Technologie standen nicht alle Teile der Community hinter dem Management. Sie sahen in vielen Bereichen Verbesserungsbedarf.

Das „System Ethereum" hat schnell viele Entwicklerteams dazu angeregt, selbst eine eigene Kryptowährung zu gestalten. Sogar aus dem Gründerteam von Ethereum haben sich einige Programmierer abgespaltet. Diese sind der Meinung, eine bessere Ethereum-Version gestalten zu können, und haben eigene Kryptowährungen programmiert, beispielsweise Cardano (ADA).

In den letzten Jahren sind viele Ethereum-Konkurrenten auf den Markt gekommen. Jede setzt an einem anderen Problem an, das sie in Ethereum sehen. Nichtsdestotrotz ist Ethereum nach wie vor mit Abstand die zweitgrößte Kryptowährung. Dennoch lohnt es sich, einen Blick auf die selbst ernannten „Ethereum-Killer" zu werfen.

Viele Altcoins haben sehr ähnliche Ansätze wie das Ethereum-Netzwerk, haben sich jedoch stark auf eine Unternische fokussiert, um sich von den anderen Projekten abzuheben. Das können beispielsweise die Unternischen *„das Internet of Things"*, *„das Internet 3.0"* oder *„künstliche Intelligenz"* sein.

Es ist wichtig zu wissen, dass es verschiedene Ethereum-Konkurrenten gibt. Wir gehen auf das größte Projekt, gemessen an der Markt-Kapitalisierung, ein, werden die Projekte jedoch nur oberflächlich behandeln, da die vollständige Technik hinter diesen Kryptowährungen den Rahmen dieses Buches sprengen würde. Außerdem würde es wenig Sinn machen, ein konkretes Projekt zu besprechen, da der Kryptomarkt sehr schnelllebig und geprägt von Emotionen ist. Ob die Kryptowährungen in einigen Jahren das nächste Bitcoin sein oder in der Versenkung verschwinden werden, ist sehr schwer hervorzusagen.

Eine Kryptowährung, die im Frühjahr 2020 einen enormen Aufstieg erfuhr, ist **Polkadot**.

*Abbildung 56 Logo Polkadot*

Polkadot ist eine Kryptowährung, die bereits im Oktober 2017 veröffentlicht wurde, jedoch bis zum Spätjahr 2020 nicht zu den Top-Coins gehörte.

Der Gründer von Polkadot, Gavin Wood, ist ein ehemaliger Ethereum-Mitgründer, der sich abgekapselt und später mit Robert Habermeier und Peter Czaban die web3 foundation, die hinter Polkadot stehen, gegründet haben.

Die Kryptowährung von Polkadot heißt **DOT**.

Im Frühjahr 2021 hat Polkadot einen extremen Aufstieg erfahren und konnte sich kurzzeitig zur viertgrößten Kryptowährung aufschwingen.

**Was ist die Vision von Polkadot?**

Polkadot hat erkannt, dass immer mehr Blockchain-Technologien entwickelt werden. Jede dieser Technologien löst ein eigenes Problem. Die Interaktion zwischen diesen Blockchains ist jedoch nicht ohne Weiteres möglich.

An diesem Punkt setzt Polkadot an. Polkadot wird häufig als Internet 2.0 bezeichnet, das aus den einzelnen Blockchains ein riesiges, dezentrales Geflecht aufspannen möchte, wobei Polkadot die Brücken zwischen den verschiedenen Blockchains bildet.

Diese Vision ist jedoch nicht neu. Ethereum hat die gleichen Ansätze, ist technisch jedoch deutlich hinter Polkadot. Dafür besitzt Ethereum eine größere Community und hat mehr aktive Benutzer.

Ein weiteres, Ethereum sehr ähnliches, Projekt ist Cardano.

Der Gründer von Cardano ist Charles Hoskinson. Ebenso wie der Gründer von Polkadot war auch er ein Mitgründer von Ethereum, ist 2015 abgesprungen und hat mit Cardano seine eigene Vision einer Kryptowährung realisiert.

*Abbildung 57 Logo Cardano*

Bei Cardano heißen die Coins ADA. Cardano ist eine dezentrale Blockchain und erlaubt ebenfalls die Ausführung von Smart Contracts.

Der größte und zentralste Unterschied zwischen Ethereum und Cardano besteht darin, dass Cardano das Proof-of-Stake-Konzept verwendet.

Die Transaktionskosten werden an die Personen ausgeschüttet, die die Nodes betreiben, also diejenigen, die Blockchain auf ihrem Rechner speichern.

Cardano selbst möchte das größte Kryptoprojekt werden und alle Probleme der Blockchain-Technologie lösen. Das Cardano-Entwicklerteam besteht aus viele Professoren, Doktoren und Ikonen der Technologie.

Vor allem aber kann Cardano durch den Proof-of-Stake-Algorithmus besser skalieren als Ethereum. Die Transaktionsgebühren sind deutlich geringer und es sind mehr Transaktionen möglich. Wir haben anhand der Krypto-Kitties gesehen, dass ein einziges Projekt das Proof-of-Work-Netzwerk auslasten kann.

Wenn zukünftig mehrere DAOs, DAPPs und andere Anwendungen auf der Ethereum-Blockchain ablaufen sollen, muss Ethereum skalieren. Anderenfalls verliert Ethereum seinen aktuellen Vorsprung gegenüber den Alternativen.

## 6.7. EIP1559 und Ethereum 2.0

Diesem Problem ist sich mittlerweile auch Ethereum selbst bewusst.

Aus diesem Grunde wird im Juli 2021 das **EIP1559** umgesetzt. Dieser Verbesserungsvorschlag, der auch als „London-Update" bekannt ist, wurde von Vitalik Buterin selbst im Jahr 2018 vorgeschlagen. Vereinfacht gesagt werden durch das EIP1559 die Transaktionsgebühren nicht mehr wie bisher an die Miner ausgeschüttet, sondern verbrannt (engl. *burned*). Die Miner erhalten nur noch die Block Subsidy von **zwei ETH pro gelösten Block**. Die Transaktionsgebühr wird durch eine **Standard-Transaktions-Gebühr** ersetzt. Diese ist zwar von der Netzwerkauslastung abhängig, aber deutlich geringer als das bisherige „Höchstbietender-System", das normalerweise bei Proof of Work der Fall ist. Man kann jedoch weiterhin eine kleine Spende an die Miner senden, den **Miner Tip** oder auch **Inclusion Fee** genannt, zu Deutsch: *ein Trinkgeld*.

*Ein konkretes Beispiel:*

Vor EIP1559:

**Mining Reward = Block Subsidy + Transaction Fees**

*Kosten der Benutzer für die Transaktionen (Transaction Fee): 5 ETH*

*Mining Reward: 2 ETH + 5 ETH = 7 ETH*

*Durch die ausgeschütteten Ether entsteht eine Inflation von 2 ETH*

Nach EIP1559:

**Mining Reward = Block Subsidy + Miner Tip**

**-> Base Fees werden verbrannt**

*Kosten der Benutzer für die Transaktionen (Base Fee): 2,5 ETH*

*Zusätzlich werden 0,7 ETH Mining Tips gespendet*

*Mining Reward: 2 ETH + 0,7 ETH = 2,7 ETH*

*-> Zusätzlich wird die Base Fee von 2,5 ETH verbrannt. Dadurch entsteht eine leichte Deflation von 0,5 ETH (2,5 ETH Base Fee minus 2 ETH Block Subsidy).*

Je nach Netzwerkauslastung kann es vorkommen, dass die Transaktionsgebühren pro Block höher sind als die zwei Ether, die pro Block ausgeschüttet werden. Das bedeutet, dass beispielsweise zwei Ether ausgeschüttet werden, während gleichzeitig drei verbrannt werden. Somit könnte (!) sich Ether von einem inflationären zu einem deflationären System wandeln.

Dem Großteil der Miner gefällt dieser Vorschlag ganz und gar nicht. Schließlich erhalten sie nach aktuellen Schätzungen bis zu 60 % weniger Ether pro gelöstem Block. Dennoch wurde der Vorschlag von den Entwicklern umgesetzt. Theoretisch könnten die Miner einen Hardfork anstoßen, jedoch würde das sehr wahrscheinlich bei der Stabilität und dem Vertrauen des Ethereum-Netzwerks Spuren hinterlassen, sodass sie sich selbst schaden würden. Abgesehen davon ist es auf technologischer Ebene ein großer Fortschritt für das System.

Ein weiterer technischer Aspekt des Verbesserungsvorschlags ist es, dass sich die Größe eines Blocks an die Auslastung des Netzwerks anpasst. Dadurch wird das Netzwerk schneller und günstiger für alle Nutzer. Dieser Schritt ist wichtig für die Skalierbarkeit, weshalb der Großteil der Community hinter diesem Vorschlag steht. Sie begründen, dass die Miner, durch steigende Beliebtheit und steigenden Ether-Preis, dennoch profitabel minen können. Sie erhalten zwar nur noch zwei Ether pro Block, diese sind dann in Fiatwährungen gesehen allerdings mehr wert. Das erhoffen sich auch viele Miner. Es gibt zwar bereits weitere Lösungsansätze, um die Miner zu entschädigen, aber langfristig ist solch ein Update unausweichlich, um Ethereum großflächig nutzen zu können.

In jedem Fall ist jedoch auch klar, dass das Ethereum-Mining spätestens mit **Ethereum 2.0,** das voraussichtlich im Jahr 2022/2023 eingeführt wird, enden wird. Zu diesem Zeitpunkt wird das Proof-of-Stake-Konzept vollständig umgesetzt und die Miner durch Validatoren ersetzt worden sein.

Abhängig vom Zeitpunkt des Lesens dieses Buches wurde der 1559-Vorschlag bereits umgesetzt oder Ethereum läuft bereits auf Proof of Stake. Eventuell ist der Einfluss auf die Skalierbarkeit auf den Ethereumpreis schon sichtbar geworden.

Das Beispiel von EIP1559 und Ethereum 2.0 zeigt, dass sich die Technik rasant und teilweise fundamental weiterentwickelt und immer wieder große Änderungen eingeführt werden.

Neben Polkadot und Cardano gibt es viele weitere Projekte, die Ethereum sehr ähnlich sind oder die ein bestimmtes Ethereum-Problem lösen möchten. Einige Beispiele dafür sind NEO, Chainlink, NEM, TEZOS.

*Abbildung 58 Logo von links nach rechts: Neo, Tezos, Chainlink, NEM*

Es bleibt die Frage, ob diese Kryptowährungen zum ernsthaften Ethereum-Konkurrenten werden können.

Die größten Ethereum-Vorteile sind die große Community, das große Miner-Netzwerk und die aktiven Nutzer. Beinahe alle DApps und DAO Anwendungen laufen auf der Ethereum-Blockchain.

Viele kleinere Coins, wie Polkadot oder Cardano, haben das „Henne-Ei-Problem". Sehr wenige Kunden nutzen das Netzwerk, weil es noch nicht weitverbreitet ist. Gleichzeitig sind diese Projekte auf Kunden angewiesen, um das Netzwerk zu skalieren.

# 7. Praxiseinstieg: Bitcoin und Co kaufen

Als Nächstes sehen wir uns konkret an, wie ein Endnutzer Kryptowährungen kaufen und verkaufen kann, was er bei der Aufbewahrung seiner Private Keys beachten sollte und ob es überhaupt sinnvoll ist, in Kryptowährungen zu investieren. Bei jedem Schritt schauen wir uns jeweils zunächst die theoretischen Hintergründe, aber auch die konkrete Umsetzung an.

Zunächst ist es ratsam, sich einen Überblick über den Markt zu verschaffen. Dazu können wir die bekannten Seiten wie *coinmarketcap.com* verwenden.

Nachdem wir uns einen Überblick über den aktuellen Markt verschafft haben, legen wir uns eine Adresse auf der Blockchain zu. Dazu benötigen wir einen Private Key.

## 7.1. Wallet-Anbieter und Krypto-Exchanges

Nun widmen wir uns der Frage, wie wir konkret am Krypto-Markt teilnehmen und Fiat-Geld in Kryptogeld tauschen können.

Dabei müssen wir uns immer der Tatsache bewusst sein, dass die Blockchain mit all ihren Adressen und Vermögen ein geschlossenes System darstellt, ähnlich wie der Aktienmarkt. Im Bitcoin-Netzwerk existieren keine Euros oder Dollars.

Der Preis einer Kryptowährung wird ausschließlich von Angebot und Nachfrage bestimmt. Kryptowährungen leben vom Vertrauen der Anleger. Schwindet das Vertrauen, sinkt der Preis.

Die einfachste Möglichkeit, an einen Bitcoin zu gelangen, ist der direkte Tauschhandel. Wir erstellen zunächst eine Bitcoin-Adresse, suchen eine Person, die Bitcoins besitzt, und geben ihr Fiatgeld dafür, dass sie uns Bitcoins an unsere Adresse sendet.

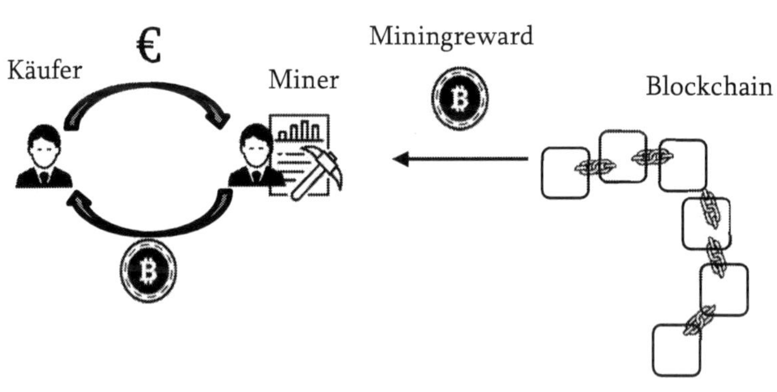


*Abbildung 59 Direkter Tauschhandel mit einem Miner oder sonstigem Besitzer Bitcoins*

Wir kaufen keine Bitcoins von der Blockchain, sondern von einer Person, die uns ihre Bitcoins für einen vereinbarten Betrag in Fiat-Geld schickt. Diese hat die Coins zuvor gemined oder von Minern gekauft.

Wir müssen uns also Personen suchen, die bereits im Kryptomarkt aktiv sind und ihre Coins verkaufen möchten.

Auch das ist umständlich und nicht mehr zeitgemäß. Stattdessen wird ein Aufpasser, also eine Art Bank oder **Börse**, benötigt. Dieser zentralen Einheit müssen wir vertrauen. Das hat den Vorteil, dass wir einen sekundenaktuellen Kurs haben und nahezu in Echtzeit handeln können.

Die bekanntesten Anbieter setzen mittlerweile jährlich Milliarden von Euros um und haben sich zu Aktienunternehmen entwickelt.

Eine **Krypto-Exchange**, zu Deutsch *Krypto-Börse*, kombiniert das Fiat-Geldsystem mit der Blockchain. Auf diese Börsen kann man sein Fiat-Geld einzahlen und anschließend in Kryptowährungen tauschen. Sie bilden den Eintrittspunkt, analog wie auch zum Aktienmarkt. Eine Krypto-Börse ist benutzerfreundlich und übernimmt die komplette Verwaltung der Private Keys der Benutzer.

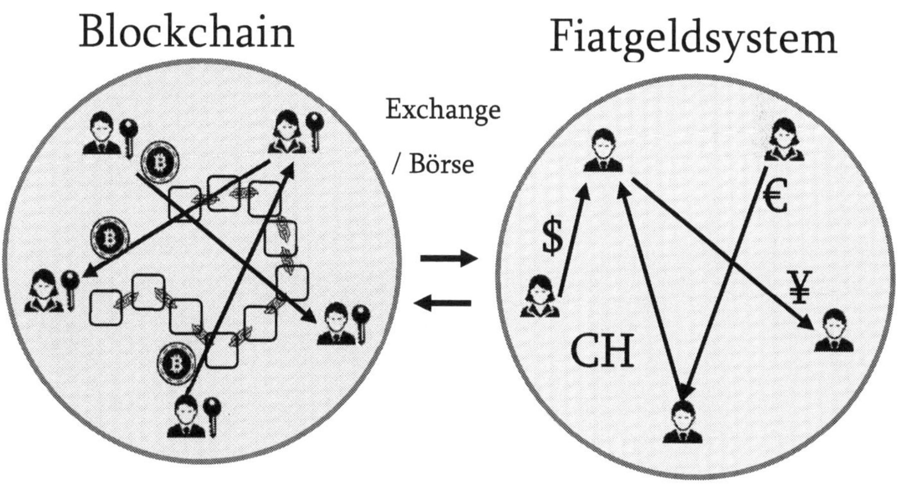


*Abbildung 60 Zentrale Börse als Tauschstelle von Krypto- zu Fiatwährungen*

Der Eintrittspunkt, um Kryptowährungen zu kaufen, ist zumeist ein zentrales Unternehmen. Dort herrschen die geltenden Gesetze und Regulierungen der zuständigen Regierungen. Beispielsweise müssen wir bei der Erstellung eines Benutzer-Accounts unsere Identität bestätigen, ebenso wie beim Eröffnen eines Kontos.

Die Marktführer im Bereich Krypto-Börse sind die Firmen **Binance** mit Sitz in Malta und die Firma **Coinbase** mit Sitz in Kalifornien, USA.

*Abbildung 61 Logo Binance*

Coinbase wurde 2012 als US-amerikanisches Unternehmen gegründet.

*Abbildung 62 Logo Coinbase*

Der Name Coinbase bezieht sich auf die **Coinbase-Transaktion**. So nennt man die erste Transaktion, die jemals in einer Blockchain stattgefunden hat.

Beide Unternehmen sind seit Jahren am Markt etabliert und gelten als seriös und zuverlässig. Weitere aufstrebende Anbieter sind beispielsweise Krypto-Börsen wie eToro.

*Abbildung 63 Logo eToro*

Um konkret am Markt partizipieren zu können, müssen wir uns bei einem der vielen Walletanbieter registrieren. Für die Erstellung eines Accounts benötigen wir eine E-Mail-Adresse und ein Passwort. Außerdem müssen wir die Nutzungsbedingungen lesen und akzeptieren.

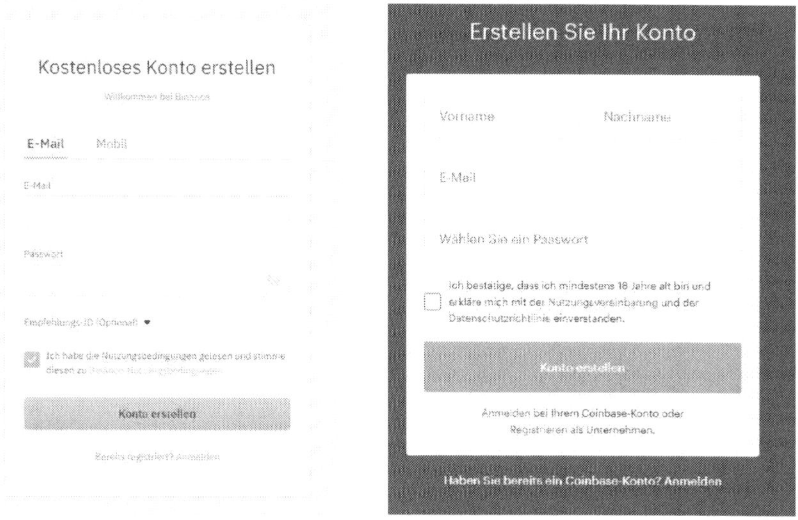


*Abbildung 64 Beispiel der Kontoerstellung anhand von Binance (https://accounts.binance.com/de/register) und coinbase (https://www.coinbase.com/de/signup)*

Auch immer mehr herkömmliche Börsenplätze wie die Börse Stuttgart bieten den Kauf von Kryptowährungen an.

All diese Plattformen haben Vor- und Nachteile. Ein Vorteil ist beispielsweise die simple Bedienung. Als Benutzer muss man sich keine Gedanken um die Private Keys machen. Die Exchange übernimmt die Verwaltung und Aufbewahrung. Oftmals ist eine Anmeldung mittels E-Mail-Konto und Passwort möglich. Außerdem haben wir bei diesen Börsen ein Konto für mehrere Kryptowährungen gleichzeitig. So müssen wir, wenn wir beispielsweise Bitcoin und Ethereum kaufen möchten, nicht zwei verschiedene Konten eröffnen.

Nachdem wir ein Konto angelegt haben, müssen wir uns im nächsten Schritt verifizieren, so als würden wir ein neues Bankkonto eröffnen. Die Verifizierung dient der Vorbeugung von Geldwäsche. Meistens gibt es kleinere Freibeträge, bis zu einigen Hundert Euros, die man auch ohne Verifizierung einzahlen und in Kryptowährungen tauschen kann. Nach erfolgreicher Verifizierung müssen wir Fiat-Geld, sprich Euro oder Dollar, von einem Bankkonto auf unser Konto auf der Börse überweisen. Häufig sind auch weitere Bezahlmöglichkeiten wie Sofortüberweisung oder Kreditkarte möglich.

Nachdem wir ausreichend Guthaben aufgeladen haben, wählen wir die Kryptowährung unserer Wahl aus und bestätigen den Kauf. Das war's. Wir sind nun offizieller Besitzer von Kryptowährungen. Theoretisch war es das bereits. Wir können uns zurücklegen und auf steigende Kurse hoffen.

Dem einen oder anderen wird jedoch aufgefallen sein, dass unsere Coins auf unserem Account bei der Börse liegen und wir keinen Private Key erhalten haben. Wenn die Börse nun insolvent geht oder gehackt wird, kann uns das im Extremfall also auch betreffen. Daher schauen wir uns einmal an, wie wir unsere Coins langfristig sinnvoller aufbewahren können.

## 7.2. Coins langfristig sicher aufbewahren

Der Nachteil der Exchange liegt in der Zentralisierung. Dabei handelt es sich um ein gewöhnliches Unternehmen, dessen Server gehackt werden können. Wir selbst haben oftmals keinen Zugang zu unseren Private Keys.

Ein Beispiel für einen fatalen Hack zeigt die Geschichte der Börse **Mt. Gox.** Bis ins Jahr 2013 wurden über 60 % der weltweiten Bitcoin-Tauschgeschäfte über diesen Marktplatz abgewickelt. Durch Sicherheitslücken (oder geplanten Insiderhandel, die Wahrheit ist nicht bekannt) konnten über 850.000 BTC gestohlen werden. Das entsprach einem damaligen Wert von einer halben Milliarde Euro. Ein Jahr später begann eine Klagewelle. Die Börse ging 2014 in die Insolvenz. Manche Geschädigte erhielten eine Teilerstattung, jedoch in Fiat-Geld, und zwar zum damaligen BTC-Preis von 2013. Andere warten noch heute auf ihr Geld. Die meisten Geschädigten wären heute Millionäre, wenn sie ihre Bitcoins nicht verloren hätten.

Dieses Risiko ist auch heute immer noch vorhanden, jedoch deutlich geringer, als es beispielsweise 2013 der Fall war. Ebenso wie bei jedem anderen Technologieunternehmen kann es auch bei einer Börse zu einem Hack kommen. Auch andere Firmen wie Apple, Microsoft und Co. wurden schon mehrfach gehackt. Die Firmen haben aus den Sicherheitslücken gelernt und teilen beispielsweise die Daten und Guthaben auf verschiedene virtuelle Geldbeutel auf, damit im Fall eines Hacks nicht alles auf einmal, sondern nur ein kleiner Teil erbeutet werden kann.

Auch wenn das Risiko nicht besonders groß ist, sollte man Kryptowährungen, die man langfristig halten möchte, nicht auf einer Börse liegen lassen, vor allem dann nicht, wenn es sich um große Beträge handelt.

Wenn wir uns nur ein wenig mit dem Krypto-Ökosystem vertraut machen wollen und erstmalig ein paar Satoshis oder mBTC kaufen möchten, können wir das Risiko in Kauf nehmen und unsere Coins auf einer Exchange belassen. Zum Kennenlernen ist die Benutzerfreundlichkeit sehr wertvoll. Wenn die Investitionen ansteigen und die Beträge sich erhöhen, sollten wir das Geld nicht mehr auf einer Exchange parken. Deshalb schauen wir uns einmal an, wie wir in der Praxis eine Bitcoin-Adresse eröffnen.

Wir haben gelernt, dass man sich seinen Private Key und damit auch seine Bitcoin-Adresse (Public Address) frei aussuchen kann. Die Ziffern werden durch zufällige Ereignisse, beispielsweise durch das Werfen einer Münze, kreiert. Für den Endnutzer ist das nicht praktikabel. Wenn wir einem Menschen erzählen, dass er für das Eröffnen eines „Kontos“ auf der Blockchain und das Kaufen von Bitcoins eine Münze 256-mal werfen soll, wird sich die Blockchain-Technologie kaum durchsetzen können.

Stattdessen gibt es smarte Lösungen von **Wallet-Anbietern**.

### 7.2.1. Software Wallets

Eine Wallet ist eine App (Anwendung), in der unsere Private Keys gespeichert werden. Unsere Coins werden auf der Blockchain gespeichert, und wir bewahren nicht die Coins auf, sondern den Nachweis, dass wir der Besitzer der Coins sind, in Form unseres Private Keys.

Diese Art von Wallet wird als **Software-Wallet** bezeichnet.

Bei der Eröffnung eines „Kontos“ bei einem Wallet-Anbieter wurde, wie bei den Börsen, darauf geachtet, dass es benutzerfreundlich gestaltet ist und dass keine Vorkenntnisse oder Hintergrundwissen zur Blockchain benötigt werden. Auf die verschiedenen Wallet-Arten gehen wir später näher ein, wenn es um die Speicherung der Coins bzw. der Private Keys geht. Aber auch hier besteht potenziell die Gefahr, auf eine unseriöse Quelle zu stoßen. In der Praxis ist das unwahrscheinlich, jedoch gibt es auch hundertprozentig sichere Methoden, eine Adresse zu erstellen.

Stattdessen ist es sinnvoll, die Coins an eine Adresse zu schicken, die wir selbst erstellt haben, deren Private Key also nur wir kennen. Dafür ist auch keine Münzwerferei notwendig. Ein Zufallsgenerator am PC kann ausreichend sein. Es gibt viele Softwares und Algorithmen, die eine 256-Bit lange zufällige Folge an Einsen und Nullen erstellen.

**Wichtig:** Der PC muss offline sein. Niemals sollten wie unseren Private Key online erstellen lassen. Dieser „zufällige“ Private Key kann leicht vom Betreiber abgespeichert werden, um dann später die Coins zu stehlen. Diesen Private Key sollte man unverfälscht auf ein Blatt Papier schreiben und aufbewahren, beispielsweise in einem Tresor oder Bankschließfach. Diese Art von Wallet wird **Paper-Wallet**, zu Deutsch *Papier-Geldbörse*, genannt.

### 7.2.2. Cold-wallets und Hardware Wallets

Alternative Speichermöglichkeiten sind **Cold-Wallets**. Als Cold-Wallet wird jede Art von Wallet beschrieben, die nicht am Internet hängt, daher keinen Kontakt zur Außenwelt hat und als relativ sicher gilt. Das Papier, auf dem unser Private kKy steht, ist beispielsweise bereits eine Art Cold-Wallet. Als Erweiterung sind sogenannte **Hardware-Wallets** zu nennen.

*Abbildung 65 Hardwallets Trezor (links)und Ledger Nano S (rechts)*

Dabei handelt es sich beispielsweise um eine Art intelligenten USB-Stick, der den Private Key aufbewahrt und den man z. B. durch seinen Fingerabdruck „entsperren" kann. Diese sind speziell für das Aufbewahren von Kryptowährungen vorgesehen und gegen ziemlich jede Hackerattacke geschützt. Natürlich kann Technik immer ausfallen, daher sollte man sich zur Sicherheit immer zwei oder mehrere dieser Hardware-Wallets zulegen.

Diese Cold-Wallets können dann wiederum in einem Schließfach aufbewahrt werden.

Wir sollten diese Cold-Wallets niemals gebraucht kaufen! Hacker könnten sie vorher umprogrammiert haben, um den Private Key zu stehlen.

## Langfristige Aufbewahrung von Kryptowährungen

| Wallet Typ | Benutzerfreundlichkeit | Sicherheit |
|---|---|---|
| Börse/Exchange | Seht gut | Mittel bis Gut |
| Software-Wallet | Mittel bis gut | Gut |
| Hardware-Wallet | Mittel | Sehr gut |
| Paper-Wallet | Schlecht | Sehr gut |
| Mobile Apps, Online Wallets etc. | Sehr gut | Schlecht |

Bei all der Sicherheit um unsere Coins ist ein Aspekt wichtig: Bei einigen Wallet-Typen wie der Paper-Wallet oder der Soft- und Hardware-Wallet haben nur wir die Kontrolle über unseren Private Key. Das hat den Vorteil, dass uns niemand den Zugang zu unseren Coins verwehren kann. Auf der anderen Seite gibt es eben auch keine zentrale Institution, die unser Passwort, sprich unseren Private Key, zurücksetzen kann.

Wenn wir den Private Key verlieren, sind die Coins **für immer und unumkehrbar verloren**. Es gibt keine Möglichkeit mehr, an das Geld zu gelangen.

Es ist daher immer sinnvoll, mehrere Sicherheitskopien des Private Keys an verschiedenen Orten aufzubewahren.

Wir müssen auch unvorhersehbare Dinge wie beispielsweise eine Naturkatastrophe miteinplanen. Bei einer Überschwemmung oder einem Erdbeben kann auch ein Cold-Wallet verloren gehen. Haben wir keine Vorkehrungen getroffen, sind die Coins für immer verloren.

Das ist auch in der Realität bereits passiert. Laut aktuellen Schätzungen sind bereits **3,7 Millionen Bitcoin** verloren gegangen. Und diese Zahl kann im Verlauf der Zeit nur weiter ansteigen, da verlorene Private Keys nicht wiederhergestellt werden können.

Jedoch wird der absolute Verlust der Bitcoins im Laufe der Zeit zurückgehen, da Bitcoin stetig im Wert steigt. Einige Wallets haben 10.000 oder mehr BTC verloren. Der damalige Preis waren jedoch nur einige Euro-Cent. Im Nachhinein sicher ärgerlich, aber heutzutage wird niemand mehr 10.000 BTC aufbewahren, ohne sich zuvor mehrere Sicherungskopien auszudrucken.

Private Keys können auch mithilfe sogenannter **Seeds** gespeichert werden, die wir uns im nächsten Unterkapitel genauer ansehen.

## 7.3. Seeds und Master Keys

Die Grundlage für **Seeds** bildet ein Update des Bitcoin Systems, das Update mit der Nummer 32, das als **BIP32** (Bitcoin Improvement Proposal) bezeichnet wird. Ein BIP ist ein Verbesserungsvorschlag, der von Entwicklern an die Community herausgegeben wird. Es wird über den Änderungsvorschlag diskutiert, und wenn der Vorschlag als gut empfunden wird, wird er in das Bitcoin-Protokoll übernommen. So sind immer weitere Verbesserungen möglich.

Wie wir bereits wissen, ist das Bitcoin-Netzwerk sehr transparent und jeder kann den Kontostand einer Bitcoin-Adresse einsehen. Möchten wir nicht, dass jemand unser komplettes Vermögen einsehen kann, müssen wir eine neue Wallet erstellen, uns also zwei Private Keys speichern.

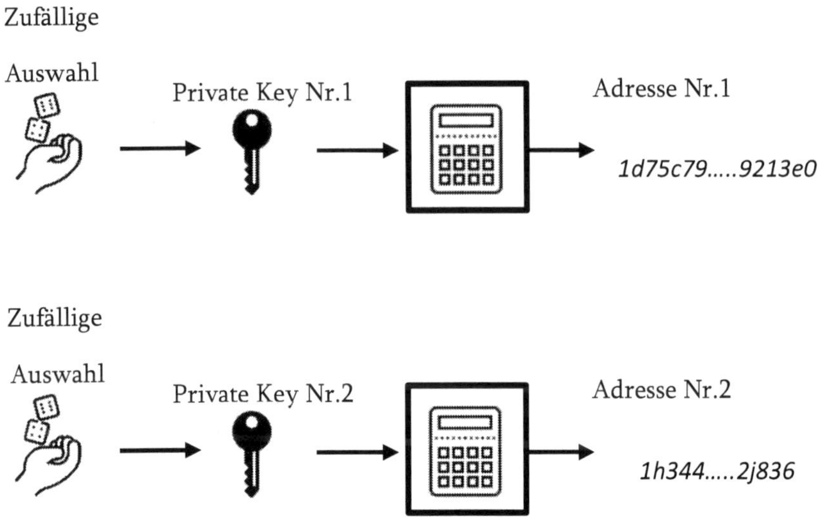


*Abbildung 66 Generierung von zwei Adressen durch zwei Private Keys*

Möchten wir 100 Adressen auf der Blockchain eröffnen, müssen wir 100 Private Keys speichern. Das ist aufwendig. Und genau dort setzt der Verbesserungsvorschlag an.

Das BIP32 schlug die Einführung von **Hierarchic Determinist Wallets (HD-Wallets)**, zu Deutsch *hierarchische, deterministische Geldbörsen*, vor.

Sie lösen das beschriebene Problem und vereinfachen die Bedienung von Wallets. Es hilft jedoch gleichzeitig, die Privatsphäre zu erhöhen.

Bei den HD-Wallets wird ein **Master Key** eingeführt. Dieser sieht einem Private Key sehr ähnlich und besteht ebenfalls aus einer kryptischen Abfolge von Zahlen und Buchstaben.

Aus dem Master Key können im Anschluss beliebig viele Private Keys generiert werden.

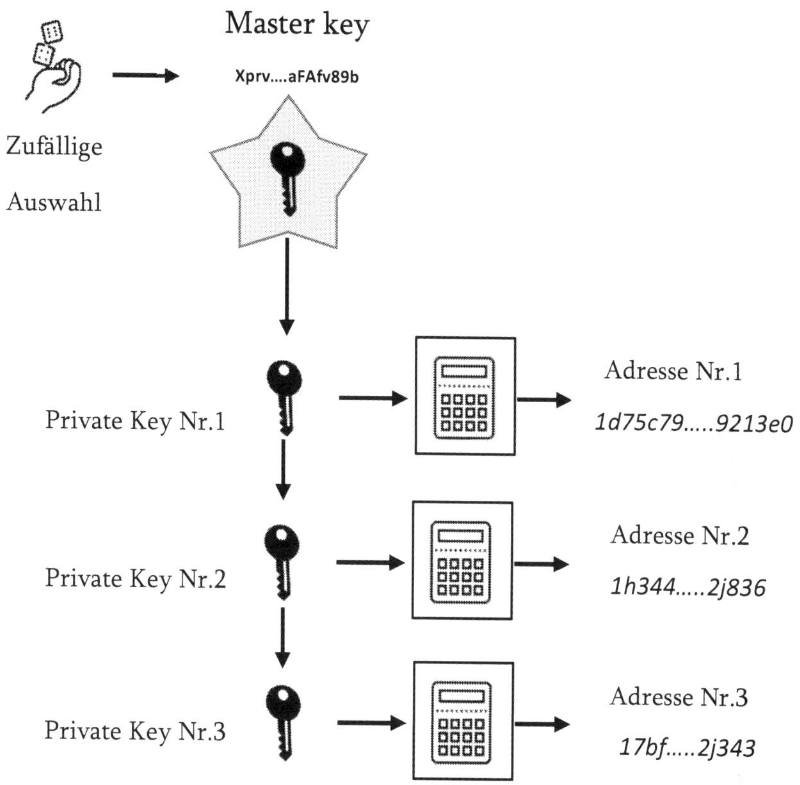


*Abbildung 67 Generierung beliebig vieler Adressen mithilfe eines Master Keys*

Aus dem Master Key wird ein Private Key generiert, aus diesem kann ein weiterer Private Key generiert werden und so weiter.

Dafür werden **deterministische** Funktionen verwendet. Deterministisch bedeutet, dass einem Eingang eindeutig ein Ausgang zugeordnet werden kann.

Ähnlich wie beim SHA256-Algirithmus werden außerdem Einwegfunktionen verwendet, die leicht aus dem Master Key einen bzw. mehrere Private Keys und damit im Anschluss eine Public Address generieren können. Andersherum kann man aber nicht von einem Private Key auf einen anderen Private Key oder auf den Master Key zurückschließen.

Wenn wir Geld empfangen wollen, erstellen wir einen neuen Private Key und die dazugehörige Adresse. Für die nächste Transaktion erstellen wir wieder einen neuen Private Key und so weiter.

Obwohl die Coins auf vielen Adressen verteilt sind, können wir durch einen einzigen Master Key auf alle Coins zugreifen. Eine dritte Person kann jedoch nicht sagen, wie viel Guthaben wir insgesamt besitzen, denn niemand kann nachvollziehen, welche Adressen zu uns gehören.

Wir sehen, dass die Erweiterung BIP32 eine große Hilfe für die Privatsphäre darstellt. Die Problematik besteht jedoch darin, dass wir uns immer noch eine kryptografische Zahlenreihenfolge merken müssen.

Jeder, der einmal versucht hat, einen Private Key auf seinem PC einzugeben, wird sehen, wie unpraktisch das sein kann. Man kann sich leicht vertippen oder den Faden verlieren. Auch das Aufbewahren des Keys ist nicht intuitiv. Deshalb wurden sogenannte **Seeds** eingeführt. Diese Erweiterung ist als **BIP39** eingeführt worden.

Durch die Einführung der Seeds müssen wir uns nicht länger einen kryptischen Private Key merken, sondern englische Wörter, die im Klartext vorliegen.

Dafür wurden insgesamt 2048 verschiedene, englische Wörter herausgesucht.

Die Liste der Wörter ist öffentlich zugänglich.

https://github.com/bitcoin/bips/blob/master/bip-0039/english.txt

```
2048 lines (2048 sloc)   12.8 KB

abandon
ability
able
about
above
absent
absorb
abstract
absurd
abuse
access
accident
```

*Abbildung 68 Auszug aus der BIP39 Wortliste*

Von diesen 2048 Wörtern wählen wir zwölf oder 24 zufällige Wörter aus. Diese zwölf oder 24 Wörter werden als **Seed**, zu Deutsch *Samen*, bezeichnet.

Heutzutage übernehmen das Wallet-Anbieter für uns. Wenn wir eine Wallet anlegen, bekommen wir zwölf oder 24 zufällige Wörter zugewiesen.

Ein Beispiel für einen Seed, zwölf zufällige Wörter:

*„couple copy shy they vintage during avoid champion little join better code"*

Mit diesen Wörtern können wir selbst zunächst nicht viel anfangen, jedoch können wir die Wörter in einen Master Key und anschließend in mehrere Private Keys umwandeln

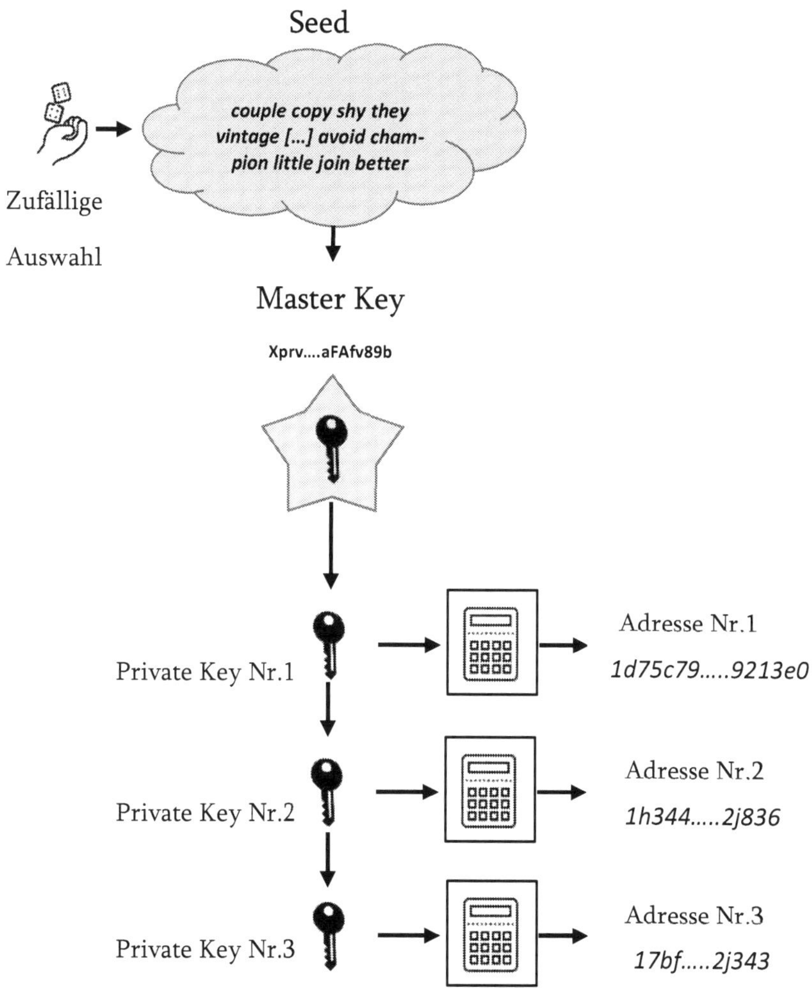


*Abbildung 69 Generierung beliebig vieler Adressen mithilfe eines Seeds (12 Wörter)*

Mit dem BIP39 wurde das Aufbewahren von Private Keys deutlich massentauglicher. zwölf oder 24 Wörter sind greifbarer als ein kryptisches Passwort mit 80 oder 256 Zeichen.

Bisher haben sich Seeds und Multiple-Adressen auf mehrere Bitcoin-Adressen beschränkt. Es war zwar möglich, Hunderte Bitcoin-Adressen in nur einem Seed zu speichern, jedoch kamen immer mehr Kryptowährungen auf den Markt und die Nachfrage an der benutzerfreundlichen Speicherung von mehreren Kryptowährungen ist gestiegen. Die Tatsache, dass ein Seed nur für eine Kryptowährung verwendet werden kann, hat sich mit einem weiteren BIP geändert.

Das **BIP44** ermöglicht das Erstellen von Private Keys für verschiedene Kryptowährungen mithilfe von nur einem Seed. Dabei werden aus dem Master Key nicht nur Private Keys für Bitcoin Adressen, sondern auch andere Private Keys erzeugt, beispielsweise für Ethereum, Bitcoin Cash und Tausende weitere Coins.

Mit diesen Private Keys können wiederum Public Addresses, sprich Konten, auf der jeweiligen Blockchain errechnet werden.

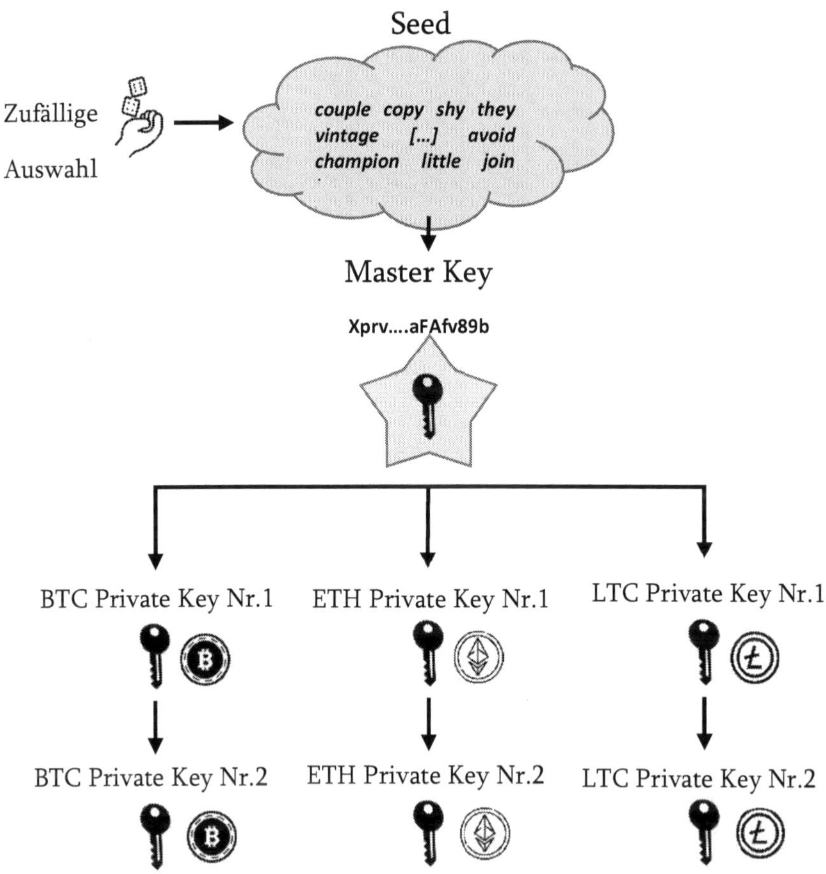


*Abbildung 70 Generierung beliebig vieler Adressen von verschiedenen Kryptowährungen mithilfe eines Seeds*

Durch die Erweiterungen war es möglich, eine **All-In-One Lösung** anzubieten, sodass sich der Endbenutzer lediglich 12 oder 24 Wörter notieren muss. Diese kann er sich selbst aussuchen, genau wie zuvor beim Private Key.

HD-Wallets fragen die Wörter ab, kreieren einen Master Key und durchlaufen alle Adressen von allen Coins, bis mehrere Adressen hintereinander keine Coins mehr enthalten. Meistens werden zur Sicherheit noch 100 weitere Adressen überprüft, damit keine Coins „vergessen" werden.

Cold-Wallets wie die Ledger-Nano sind ebenfalls in der Lage, durch einen integrierten Zufallsgenerator einen Seed, also zwölf oder 24 Wörter, aus der BIP39-Wortliste auszuwählen.

Was wir in diesem Kapitel gelernt haben: Krypto-Börsen bieten Vorteile und Nachteile. Wir kommen schnell an unser Geld und können es beispielsweise gegen USDT oder „reale" USD tauschen. Allerdings geben wir unser Geld in fremde Hände. Wir haben weiterhin gesehen, dass sowohl die langfristige, sichere Aufbewahrung von Coins als auch das Besitzen von verschiedenen Kryptowährungen durch Seeds und HD-Wallets erleichtert werden. Mit nur zwölf oder 24 Wörtern können wir gleichzeitig unzählige Adressen von verschiedenen Kryptowährungen wie Ethereum, Bitcoin, Litecoin oder Ripple erstellen und speichern. Wenn wir all diese Coins langfristig speichern möchten, müssen wir nicht mehr für jeden Coin eine eigene Adresse eröffnen.

Als Nächstes schauen wir uns konkret an, welche Aspekte wir besonders im Auge haben sollten, wenn wir uns mit Kryptowährungen befassen.

## 7.4. Worauf sollten wir achten?

Vor allem, wenn man neu in die Materie der Kryptowährungen einsteigt, fallen immer wieder Steine in den Weg, denen wir uns in diesem Unterkapitel genauer widmen, damit die Begeisterung nicht in Frustration umschlägt.

### Gebührenvergleich

Beim Kauf einer Aktie oder der Finanzierung einer Immobilie haben verschiedene Banken und Börsen verschiedene Kosten. Daher empfiehlt es sich, verschiedene Börsen und Banken zu vergleichen. 2-3 % Gebühren mehr oder weniger hört sich zunächst wenig an, spätestens bei einer Hausfinanzierung überlegt man es sich aber lieber zweimal.

Ähnlich ist es bei dem Kauf von Kryptowährungen. Manche Exchanges haben prozentuale Kauf- und Verkaufsgebühren (wie beispielsweise *Binance*), andere haben einen Festpreis (wie beispielsweise *eToro*) und wiederum andere haben ein Hybrid-Modell, zum Beispiel *Coinbase*. Um die Kosten so gering wie möglich zu halten, müssen wir die verschiedenen Preisverzeichnisse vergleichen.

Außerdem kann es zu versteckten Gebühren kommen, beispielsweise durch Preisunterschiede. Bei einem Anbieter kostet ein BTC nur 10.000 €, während der Bitcoin bei dem anderen Anbieter für 10.500 € gelistet ist.

Dies ist vor allem bei Kryptowährungen der Fall, wenn wir beispielsweise Bitcoin in Ethereum tauschen möchten.

Es ist daher sinnvoll, vor dem Kauf die Preise mit den aktuellen Preisen von coinmarketcap oder anderen Portalen abzugleichen. Vor allem bei kleineren Anbietern und unpopulären Coins sollte man darauf achten.

## Transaktionsgebühren

Wir haben bereits gesehen, dass das Versenden von Bitcoins und anderen Kryptowährungen eine Gebühr für die Miner beinhaltet. Je geringer die Gebühr ist, desto länger dauert die Bestätigung unserer Transaktion. Im schlimmsten Fall wird die Transaktion nicht bearbeitet. Unsere Coins sind dann zwar nicht verloren, sondern bleiben in unserem Account, aber die Transaktion hängt schlimmstenfalls tagelang in einer Warteschlange, bevor sie abgelehnt wird.

Die Transaktionsgebühren für das Versenden von Coins richten sich nach der Auslastung des Netzwerks und sind nicht prozentual zur Menge der versendeten Coins, sondern zur Datengröße der Transaktion. Das bedeutet: Wenn wir einen BTC versenden wollen, kostet die Transaktion nicht wesentlich mehr, als wenn wir 100 Satoshi versenden möchten.

Wenn der Preis einer Währung in kurzer Zeit ansteigt oder abfällt, bedeutet das, dass viele Leute BTC kaufen oder verkaufen. Dementsprechend sind die Netzwerke ausgelastet und die Transaktionen höher. Wie im Kapitel *Mining Difficulty* beschrieben, waren die Transaktionskosten bei Bitcoin zu Höchstzeiten bei über 40 USD. Das bedeutet: Wenn wir für 10 € BTC verschicken wollten, mussten wir fast das Vierfache an Kosten nur für die Transaktion bezahlen!

Diese Kosten werden in einer Wallet oder der Exchange vor dem Versenden einer Transaktion angezeigt. Wenn wir es nicht eilig haben, können wir eine niedrigere Transaktionsgebühr einstellen. Ist das nicht möglich, macht es vielleicht Sinn, einige Stunden oder Tage mit der Transaktion zu warten, bis sich das Netzwerk beruhigt hat.

Wenn unsere Transaktionsgebühren zu niedrig gewählt sind, werden die Miner die Transaktion nicht an das Netzwerk weiterleiten, sondern in eine „Warteschlange" stellen. Das bedeutet, dass unsere Transaktion im schlimmsten Fall zwei Wochen lang (im Fall von Bitcoin) in einer Warteschlange gefangen ist, bevor sie schlussendlich abgelehnt wird.

Die Transaktionsgebühr, die wir auswählen, sollte immer im Normalbereich liegen und zur Auslastung des Netzwerks passen. Walletanbieter wissen von dieser Thematik und schlagen häufig eine passende Transaktionsgebühr vor.

Wer Interesse an der aktuellen Netzwerkauslastung hat, kann die benötigten Transaktionsgebühren beispielsweise unter https://bitcoinfees.earn.com/ nachschauen. Dort wird angegeben, wie viele Gebühren man zahlen muss und wie lange die Transaktionszeit beträgt.

## Scams

Auch wenn Bitcoin seit über 10 Jahren existiert, steckt der Kryptomarkt noch in den Kinderschuhen. In vielen Bereichen herrscht großes Unwissen oder Halbwissen. Und wie immer, wenn ein Markt noch sehr unreguliert ist, werden Betrüger angelockt, die sich durch fiese Tricks bereichern wollen. Damit wir nicht selbst zum Opfer werden, gibt es einige Dinge zu beachten.

Eine Bezeichnung, die aus dem Englischen kommt und nicht nur auf den Kryptomarkt angewendet wird, ist ein **Scam**, zu Deutsch: *Betrug.*

Ein Schneeballsystem, also ein System, das kein wirkliches Produkt besitzt und nur durch das Dazugewinnen neuer Kunden/Opfern wachsen kann, ist ein typisches Beispiel eines Scams.

Ein Beispiel für einen der größten Betrugsfälle/Scam in der Geschichte der Kryptowährungen, der viele Leute ein Vermögen gekostet hat, war die Webseite Bitconnect bzw. der dazugehörige Coin Bitconnect BCC. Die Seite ging im Frühjahr 2016 online.

Bitconnect versprach den Kunden 0,25-2 % tägliche (!) Rendite auf ihr Vermögen, wenn sie ihre Bitcoins in Bitconnect-Coins tauschen.

Wenn größere Beträge wie 5.000, 10.000 oder 100.000 USD eingelagert werden, gab es zusätzliche Renditen von 0,25 bis zu 1 %.

Wie das möglich war? Bitconnect hatte laut eigener Aussage eine künstliche Intelligenz entwickelt, die durch das Beobachten von Kursbewegungen am Kryptomarkt Bitcoins zum richtigen Zeitpunkt kauft und verkauft und somit Gewinn erzielt.

Auffällig war, dass Bitconnect für die Neukundengewinnung viel Geld in die Hand nahm. Sie bezahlten Influencer mit mehreren Millionen Followern dafür, dass sie aggressiv für die Bitconnect-Seite warben. Jeder, der neuen Kunden anwarb, erhielt teilweise bis zu 10 % der Einlagen der neuen Kunden.

Es wurde propagiert, dass man sein Geld innerhalb eines Jahres um das 37-Fache erhöhen könne. Obwohl uns der gesunde Menschenverstand sagt, dass solch ein

Prinzip niemals eine legitime Grundlage besitzen kann, sammelte Bitconnect Millionen an Investorengeldern.

In Wirklichkeit handelte es sich um ein Schneeballsystem. Das Geld der neuen Kunden wurde an die älteren Kunden ausgeschüttet, um einen legitimen Eindruck zu erwecken. Die frühen Kunden und Influencer zeigten öffentlich, dass man das Geld auch tatsächlich bekam.

Dieses Schneeballsystem wurde zwischenzeitlich so populär, dass der Bitconnect-Coin zur viertgrößten Kryptowährung aufstieg, mit einer Marktkapitalisierung von **2,6 Milliarden USD**.

Trotz Warnungen beispielsweise vonseiten des Ethereum-Gründers Vitalik Buterin war die Gier vieler Anleger größer als deren Verstand.

Im Jahr 2017 schalteten sich die staatlichen Behörden ein und drohten die Seite vom Netz zu nehmen, wenn die Legalität des Geschäftsmodells nicht bewiesen werden würde. Zunächst wurden alle Anschuldigungen geleugnet und die Marketingabteilung Bitconnects tat ihr Bestes, um den angeschlagenen Ruf nicht gänzlich zerbrechen zu lassen.

Allmählich konnte dem Offensichtlichen jedoch nicht mehr entgegengewirkt werden. Vom einen auf den anderen Tag wurde ein Statement abgegeben, dass Bitconnect nicht länger existieren werde. Im Januar 2018 verschwand Bitconnect von der Bildfläche. Gründe dafür waren angeblich die schlechte Presse und andauernde Hackerangriffe auf die Webseite.

Der Bitconnect-Coin verlor über 99 % seines Wertes, bis er im August 2018 vollständig vom Handel ausgeschlossen wurde. Alle Anleger, die investiert hatten, haben so gut wie alle Einlagen verloren.

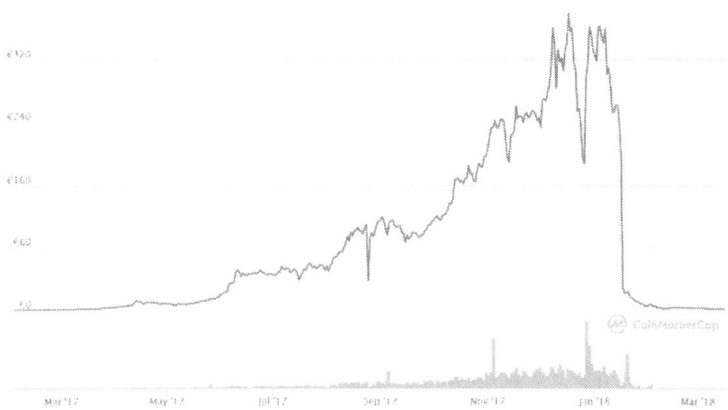


*Abbildung 71 Kursverlauf des Bitconnect (BCC) Coins*

Was zeigt uns dieses Negativ-Beispiel? Zunächst ist es simpel, eine groß angelegte Betrugsmasche aufzuziehen, die sich über Monate aufrechterhält und zwischenzeitlich 2,6 Milliarden USD wert war.

Das war nur möglich, weil mit unglaublichen Renditen geworben wurde und die Menschen aufgrund von Gier leichtsinnig waren.

Bevor wir in einen Coin, ein Projekt oder sonstige Nischen des Kryptomarktes investieren, sollten wir immer hinterfragen, ob das Projekt neutral betrachtet möglich und sinnvoll ist. Welche Menschen stehen hinter den Projekten? Wie ist das Geschäftsmodell aufgebaut? Gibt es bereits kritische Berichte?

Außerdem gilt auch im Kryptomarkt der Spruch:

*„Wenn es zu schön ist, um wahr zu sein, dann ist es mit sehr hoher Wahrscheinlichkeit nicht wahr.“*

Neben Großprojekten, die als Scam angelegt sind, werden auch Falschanzeigen mit prominenten Gesichtern aufgezogen, um eine böswillige Homepage vertrauenswürdig wirken zu lassen.

Bilder und fiktive Zitate von Promis wie Frank Thelen, der aus „Der Höhle der Löwen“ bekannt ist, oder Klaas Heufer-Umlauf von ProSieben wurden missbraucht, um ahnungslose Leute auf Webseiten zu führen und Geld in fiktive Geschäftsmodelle zu investieren.

*Abbildung 72 Scam-Anzeige mit bearbeiteten Bildern von Prominenten Personen, hier Frank Thelen*

Diese Schlagzeilen lockten Kunden auf betrügerische Homepages, wo die Opfer durch mehrere Versprechungen dazu gebracht wurden, Geld zu investieren oder ihre Private Keys auszuhändigen.

Das Geld und die Coins sieht man in der Regel nie wieder, und die Täter sind polizeilich kaum zu belangen, da sie ihren Sitz im Ausland haben oder komplett anonym agieren.

In jedem Fall gelten im Kryptobereich die gleichen Regeln wie mit allen digitalen Inhalten: Niemals, unter keinen Umständen, sollten wir unseren Private Key oder andere Passwörter an Dritte weitergeben.

An dieser Stelle ist zu erwähnen, dass die Betrugsfälle deutlich abgenommen haben und vor allem zu Beginn des Krypto-Booms vorkamen. Mittlerweile gibt es jede Menge verifizierte Anlaufstellen für das Kaufen und Verkaufen von Kryptowährungen.

Als Fazit dieses Kapitels können wir festhalten, dass der Einstieg in die Welt der Kryptowährungen in den letzten Jahren deutlich vereinfacht wurde. Wir müssen kein Informatikstudium hinter uns haben, um am Krypto-Markt partizipieren zu können. Insbesondere Börsenplätze wie Binance, e-Toro oder Coinbase sind deutlich benutzerfreundlicher geworden. Jedoch müssen wir immer abwägen, wie sehr wir zentralen Unternehmen vertrauen oder wo wir unsere Private Keys selbst aufbewahren möchten.

Durch Erweiterungen von HD-Wallets und das Speichern von einfachen Seeds sind die Einstiegshürden deutlich gesunken. Mittlerweile unterscheidet sich der Kauf von Kryptowährungen kaum mehr vom Eröffnen eines normalen Bankkontos oder Aktiendepots.

Zusammenfassend können wir sagen, dass das Wichtigste, das wir über die Sicherheit gelernt haben, ist, dass wir Private Keys wie Bargeld behandeln sollten. Wir müssen unsere Private Keys sorgfältig und geschützt aufbewahren und dürfen sie niemals einer dritten Person mitteilen.

# 8. Zukunft der Blockchain

Wir haben alle Grundlagen der Blockchain, Bitcoin und Co kennengelernt und wissen jetzt, worauf es beim Kauf und Verkauf ankommt und wovor wir uns hüten müssen.

Nachdem wir die Technik, Beispiele, Stärken und Schwächen der gängigsten Kryptowährungen und der Blockchain-Technologie kennengelernt haben, widmen wir uns der Frage, was die Zukunft bringen wird. Die Zukunft vorherzusagen ist natürlich noch niemandem zuverlässig gelungen.

**„Ich denke, dass es weltweit einen Markt für vielleicht fünf Computer gibt".**

*Thomas Watson, Chairman von IBM, im Kriegsjahr 1943*

Auch für Insider sind Marktbewegungen unvorhersehbar. Statt eine konkrete Anlageberatung auszusprechen, werden im Rahmen dieses Buches die Chancen und Herausforderungen der Blockchain-Technologie und der Kryptowährungen besprochen. Danach muss jeder individuell entscheiden, ob er/sie langfristig an die Technik und den Wert glaubt und monetär daran antizipieren möchte oder nicht. In jedem Fall ist es nicht verkehrt, sich über das Themengebiet zu informieren.

## 8.1. Zukunft der Blockchain-Technologie

Wir haben uns in diesem Buch größtenteils den Kryptowährungen gewidmet. Die dahinterstehende Blockchain-Technologie wird allerdings zukünftig noch viele weitere Bereiche unseres alltäglichen Lebens positiv verändern. Bereits heute sind viele Unternehmer, beispielsweise der Start-Up-Unternehmer Frank Thelen, große Fans der Blockchain-Technologie und sagen ihr eine große Zukunft voraus. Frank Thelens Unternehmen ***Freigeist Capital*** arbeitet mit dem Startup Neufund zusammen. Das Start-up aus Berlin plant eine Handelsplattform für Unternehmensanteile auf Basis der Blockchain. Damit möchten sie kostenintensive Notar- und Handelsregistereinträge abschaffen.

Die Blockchain-Technologie wird in diesem Atemzug oftmals mit dem Internet verglichen. Eine disruptive Technologie, die in alle Bereiche unseres Lebens eintauchen wird.

Große Unternehmen investieren bereits heute Milliarden in die Erforschung von Blockchain-Technologien. Was die Wenigsten wissen: Bitcoin und andere Kryptowährungen machen nur einen Bruchteil dieser Einsatzgebiete aus.

In der Zukunft kann mithilfe der Blockchain-Technologie eine Menge bürokratischer Aufwand eingespart werden.

Jedes digitale Dokument kann auf einer Blockchain gespeichert werden, egal ob es die Zahlungsmittel, sprich Kryptowährungen, sind, eine Urkunde oder ein digitaler Ausweis. Wie wir bei der Tokenisierung bereits angesprochen haben, werden immer mehr Dinge aus dem realen Leben auf der Blockchain gesichert. Der Vorteil ist, dass die Daten **fälschungssicher**, **unzensierbar** und **überall abrufbar** sind. Alles, was wir benötigen, sind das Internet und einen Zugang, beispielsweise in Form unseres Private Keys.

Durch die Blockchain sind einzig wir der Besitzer unserer sensiblen, personenbezogenen Daten. Die Blockchain-Technologie kann daher auch den Datenschutz schnell und unkompliziert voranbringen.

Beispielsweise könnten wir unsere medizinische Krankenakte in verschlüsselter Form auf der Blockchain speichern, anstatt sie beim Hausarzt oder verschiedenen anderen Krankenhäusern speichern zu lassen. Nur wir selbst haben Zugriff auf die Daten. Das Abrufen ist wiederum jederzeit und überall problemlos möglich.

Auch die Technik entwicklet sich weiter. Anstatt dass wir einen Private Key oder Seed speichern müssen, können wir uns beispielsweise durch unseren Fingerabdruck oder ähnliche Verfahren verifizieren.

Ein weiteres Anwendungsgebiet, das sich ebenfalls auf den Datenschutz bezieht, sind Messenger-Dienste. Große Firmen wie Facebook, WhatsApp oder Google stehen schon lange in der Kritik, mit den Kundendaten nicht sehr diskret umzugehen. Verschiedene Unternehmen arbeiten bereits an der Entwicklung einer dezentralen DApp, die einen dezentralen Messenger-Dienst darstellt. Einer von ihnen könnte im Laufe der nächsten Jahre in den Mainstream finden. Die Vorteile liegen klar auf der Hand: Es wird kein Unternehmen geben, das Werbung schaltet, Daten sammelt und verkauft oder Teilnehmern den Zugriff entziehen kann. Dezentrale Social-Media-Plattformen wie steemit entwickeln sich ebenfalls stetig weiter und werden immer benutzerfreundlicher.

Es gibt noch unzählige weitere Anwendungsbeispiele wie Finanzierungen ohne Banken oder Versicherungsverträge, die komplett transparent gestaltet sind und sich mittels Smart Contracts automatisiert einlösen.

Vor allem Finanzdienstleistungen sind sehr einfach zu digitalisieren, da bereits heute fast alle Konten, Kredite und Transaktionen digital abgearbeitet werden.

Unter dem Begriff **DeFi** (Dezentrale Finanzen) etablieren sich immer mehr dezentrale Anwendungen, auf denen Gelder verliehen, eingesammelt oder investiert werden.

Ein besonders spannender Aspekt, den wir im Jahr 2016 und 2020 bei den US-Wahlen gesehen haben, war die Diskussion um eine Manipulation der demokratischen Wahlen. 2016 sollen russische Hacker Trump zum Wahlsieg verholfen haben. 2020 soll es Manipulationen bei den Briefwahlen gegeben haben.

Beides ist nicht zweifelsfrei bewiesen, jedoch würde sich die Diskussion bei einem dezentralen Wahlnetzwerk erst gar nicht stellen, da die Regeln fest definiert sind und sich selbst ausführen.

Durch eine Blockchain-Technologie beim Wahlsystem können Manipulationen komplett ausgeschlossen werden. So können auch andere Länder kontrollieren, dass eine demokratische Wahl stattgefunden hat. Jeder kann den Konsensus einsehen. Abgestimmt werden kann trotzdem anonym, beispielsweise indem man einen „Einweg Private Key" generiert, ähnlich wie das Tan-Verfahren beim Online-Banking. Natürlich steht auch diese Technologie vor Herausforderungen: Wie kann sichergestellt werden, dass jeder Bürger ein Wahlrecht bekommt? Solche Problematiken müssen behoben werden, aber bisher hat der technische Fortschritt noch für jede Frage eine passende Antwort gefunden.

Wir könnten noch Hunderte Themenfelder ansprechen. Nach und nach werden immer mehr Menschen auf die Vorzüge der Technologie aufmerksam.

*„BLOCKCHAIN- DIE STILLE REVOLUTION" – handelblatt 2018*

*„Die Blockchain-Technologie weckt Hoffnungen über Industriegrenzen hinweg." - Computer-Woche 2021*

*„Mit der Blockchain-Technologie lassen sich Eigentumsverhältnisse direkter und effizienter als bislang sichern."*

*BaFin – Bundesanstalt für Finanzdienstleistungsaufsicht 2017*

Ob Kryptowährungen sich langfristig durchsetzen werden, ist auch unter Experten oftmals noch umstritten. Hinsichtlich der Blockchain-Technologie sind sie sich jedoch alle einig: Die Zukunft gehört der Blockchain.

Aber wie sieht es hinsichtlich Bitcoin und Co. konkret aus? Was wäre der Best-Case, was der Worst-Case für Bitcoin? Dazu sehen wir uns einige Fakten aus der bisher noch sehr jungen Bitcoin-Historie an und schauen, was die Zukunft bringen wird.

## 8.2. Die Zukunft von Bitcoin

In den Anfangsjahren des Bitcoin-Netzwerks hätte niemand erwartet, dass ein Bitcoin jemals einen Preis von 100, 1000 oder 10.000 Euro wert sein könnte.

Erstmalig ernst genommen wurde Bitcoin im Jahr 2013, als der Preis innerhalb weniger Wochen von 15 USD auf über 1100 USD gestiegen ist.

Die Euphorie war groß. Leider war sie genauso schnell wieder getrübt, als der Preis nach einer schlechten Pressemitteilung innerhalb von einem Tag um über 40 % sank. Viele Privatanleger haben viel Geld verloren. Einer von ihnen ist auch heute noch berühmt:

Es war an einem Wochenende, als der Bitcoin-Besitzer mit dem Nicknamen *„GameKyuubi"* seinen Frust über die großen Kursschwankungen in einem Bitcoin-Forum ausliest.

Der originale Post ist unter dem Link:

https://bitcointalk.org/index.php?topic=375643.0 zu finden. Unter dem Post finden sich Tausende Kommentare.

In dem Beitrag schilderte er, dass er ein schlechter Trader sei und sich jeder seine Schadensfreude sparen solle. Er ließ seinen Frust raus und regte sich über das System und die Menschen, die anderen Menschen hämische Ratschläge geben, auf.

*„OHH DU HÄTTEST VERKAUFEN SOLLEN". JA, ACH WAS? KEIN SCHEISS, ICH HÄTTE VERKAUFEN SOLLEN."*

Er hatte mit dem Thema Bitcoin-Trading abgeschlossen. Trotzdem glaubte er an Bitcoin und dessen Zukunft. Deshalb schrieb er, dass er seine Coins trotzdem nicht verkaufen wird. Auf Englisch wollte er *„I am holding"* als Überschrift setzen. Anscheinend hat *GameKyuubi* den Post nicht ganz nüchtern geschrieben, was er auch in seinem Post betonte: „Ja ich habe einige Gläser Whiskey getrunken".

Anstatt **„I am holding"** schrieb er **„I am hodling"**. Der amüsante Schreibfehler im Forum wurde schnell verbreitet und bekam viel positives Feedback. Er entwickelte sich zu einem Meme (lustige Fotos, die im Internet weiterverschickt werden). Es gibt unzählige Bilder, bedruckte T-Shirts und sonstiges mit der berühmten Überschrift.

*Abbildung 73 HODL-Meme aus dem Bitcoin-Forum*

Mittlerweile sind der Post und der Begriff „HODL unter Bitcoin-Anhängern weitverbreitet. Mit HODL ist gemeint, dass man seine Coins behält und nicht verkauft – auch wenn der Preis einmal kräftig abstürzt.

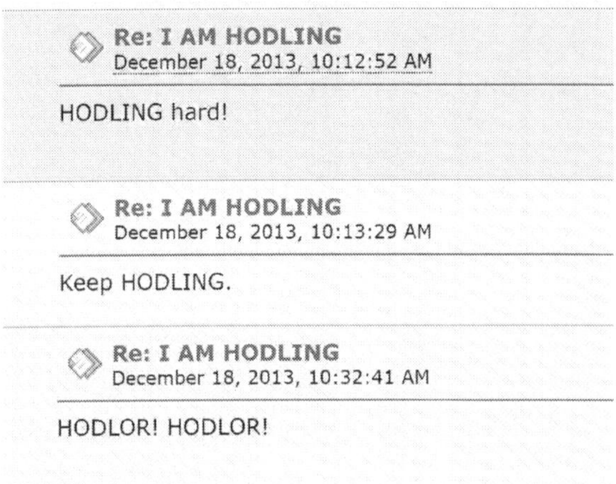

**Re: I AM HODLING**
December 18, 2013, 10:12:52 AM

HODLING hard!

**Re: I AM HODLING**
December 18, 2013, 10:13:29 AM

Keep HODLING.

**Re: I AM HODLING**
December 18, 2013, 10:32:41 AM

HODLOR! HODLOR!

*Abbildung 74 Antworten von anderen Nutzern im Bitcoin-Forum auf den Eintrag von GameKyuubi*

HODL bezeichnet auch einen bestimmten Investment-Ansatz, sowohl bei Kryptowährungen als auch bei Aktien oder anderen Anlageklassen.

Viele Privatanleger versuchen, schlauer als der Rest zu sein und den bestmöglichen Zeitpunkt für eine Investition zu finden. Nach dem Motto: „Verkaufe einfach, wenn der Preis oben ist, und kaufe wieder ein, nachdem er gefallen ist“.

Der Gedankengang ist simpel und klingt auf den ersten Blick sehr charmant.

Tatsache ist jedoch, dass die meisten unerfahrenen Anleger mit dieser Strategie Verluste einfahren. Der Grund liegt darin, dass Menschen emotional geleitet handeln. Auch wenn wir uns felsenfest vornehmen, Bitcoin zu kaufen, nachdem er 70 % gefallen ist, werden es die wenigsten tun, denn es fühlt sich nicht richtig an.

Aus diesem Grunde haben die meisten Anleger, die dieser Anlagestrategie folgen, weniger Geld, als wenn sie die Coins einfach gehalten hätten. Es rentiert sich also nicht, zu hoffen, dass man schlauer als der Markt ist. Stattdessen sollte man die Coins kaufen und langfristig HODLn.

Schlussendlich hatte GameKyuubi Recht behalten. Wenn er seinem Wort treu geblieben ist und seine Bitcoins bis heute geHODLt hat, hat er über die Jahre sehr gute Gewinne eingefahren.

Dieses amüsante Beispiel zeigt, dass bereits 2013 Kursschwankungen alltäglich waren und den langfristigen Aufwärtstrend des Bitcoins nicht brechen konnten.

Aber wie sieht die Zukunft von Bitcoin aus? Ist es sinnvoll, jetzt noch zu investieren?

Die Zukunft von Bitcoin ist abhängig von vielen Faktoren. Der größte Faktor ist die Frage, ob Bitcoin überhaupt benötigt und sinnvoll eingesetzt werden wird. Bitcoin-Befürworter sind sich einig: Bitcoin ist einzigartig. Es ist dezentral, zensurresistent, transparent und sicher vor Angriffen. Kein Staat der Welt kann Teilnehmer vom Bitcoin-Netzwerk ausschließen, ein Krypto-Konto pfänden oder die Kaufkraft der gespeicherten Arbeit durch Inflation entwerten.

Momentan sehen wir jedoch auch, dass Bitcoin als großflächiges Zahlungsmittel vollkommen ungeeignet ist. Volatile Kurse und hohe Transaktionskosten verhindern einen sinnvollen Einsatz als Zahlungsmethode. Die Volatilität beschreibt, wie sehr der Preis einer Anlageklasse schwankt. Aktien sind in der Regel volatiler als Rohstoffe oder Staats-Anleihen. Bitcoin ist wiederum um ein Vielfaches volatiler als beispielsweise Aktien.

Sieben Transaktionen pro Sekunde sind nicht ausreichend, um alle weltweiten Zahlungsströme abbilden zu können. Es gibt allerdings noch viele weitere Punkte, aufgrund derer Bitcoin als Zahlungsmethode derzeit noch als unrealistisch angesehen wird.

Soll das bedeuten, dass wir dieses Buch völlig umsonst gelesen haben und Bitcoin in der Zukunft keine Verwendung finden wird? Nein, denn wir haben gelernt: Geld hat noch eine weitere sehr wichtige Eigenschaft: die Eigenschaft der Wertaufbewahrung.

Auch wenn Bitcoin momentan als Währung noch nicht großflächig eingesetzt werden kann, war und ist Bitcoin die erste Kryptowährung. Bitcoin existiert seit über zehn Jahren und ist schon oft totgesagt worden.

Bitcoin war schon immer die Nummer Eins unter den Kryptowährungen. Aus diesem Grunde wird Bitcoin als **Mutter der Kryptowährungen** bezeichnet. Allein der Name ist eine Marke, die sich über Jahre etabliert hat und für **Unabhängigkeit, Revolution** und **Widerstand** gegen das **korrupte Bankensystem** steht.

Je mehr Leute den Wert der dezentralen Währung erkennen und sich dem Netzwerk anschließen, desto größeren Einfluss wird Bitcoin erreichen.

Ist es möglich, dass Bitcoin von der Bildfläche verschwinden wird? Ja, das ist es durchaus. Aber ist es auch wahrscheinlich?

Wie bereits angesprochen, haben sich auch Milliarden-Industrien auf Bitcoin spezialisiert. Große Länder und Unternehmen lernen den Wert kennen.

| Unternehmen | Industriezweig | Bitcoins im Besitz |
|---|---|---|
| MicroStrategy inc. | Softwarehersteller | 91.326 BTC |
| Tesla, Inc. | Tec. Mischkonzern | 48.000 BTC |
| Square inc. | Finanzdienstleister | 8,027 BTC |
| Marathon Digital Holdings | Mining-Konzern | 5,067 BTC |
| Galaxy Digital Holdings | Finanzdienstleister | 4,000 BTC |
| ... | ... | ... |
| Gesamt | | 1,354 Mio BTC |

Mittlerweile sind über 1,3 Millionen BTC von großen Firmen wie MicroStrategy inc., Tesla, Galaxy Digital Holdings oder der Square inc. gekauft worden. Alle diese Firmen bringen wiederum andere Firmen wie Paypal, Microsoft oder Visa dazu, den Handel mit Kryptowährungen ernst zu nehmen.

Und hier sehen wir den wichtigsten Vorteil, den Bitcoin gegenüber allen anderen Kryptowährungen besitzt: den **Netzwerkeffekt**.

*Abbildung 75 Bitcoin-Netzwerkeffekt*

Der Netzwerkeffekt beschreibt, dass sich der Wert eines Systems erhöht, wenn immer mehr Nutzer zu diesem System dazustoßen.

Facebook wurde erfolgreicher, je mehr Nutzer das Unternehmen für sich gewinnen konnte. Diese bringen wiederum andere Personen dazu, das Netzwerk zu nutzen und so weiter. Dasselbe können wir bei Bitcoin sehen. Immer mehr kritische Stimmen setzen sich mit der Technik auseinander. Viele Falschmeldungen, die im Laufe der letzten Jahre gestreut wurden, werden klargestellt und bringen das Nischenprodukt in den Mainstream.

Dass Bitcoin vollkommen von der Bildfläche verschwinden wird, ist möglich, allerdings äußerst unwahrscheinlich.

Stattdessen sehen wir uns einmal an, welche Zukunft Bitcoin von Bitcoin-Befürwortern zugesprochen wird.

Das folgende Szenario ist rein hypothetisch, und es müssen noch viele Bedingungen erfüllt sein, bis es zu solch einem dramatischen Systemwechsel kommen wird. Trotzdem stellen wir uns die Frage: Was wäre, wenn Bitcoin den Dollar ablöst?

## Best Case – Bitcoin als Leitwährung:

Wenn sich die Entwicklung des aktuellen Geldsystems fortsetzt wie bisher, werden immer mehr Menschen auf dem Globus erkennen, dass Fiat-Geld keine langfristige Aufbewahrung des Lohns ihrer verrichteten Arbeit darstellt. Denn Geld ist nichts weiter als das. Es ist die Belohnung für unsere geleistete Arbeit, die wir aufbewahren und ausgeben können.

Die Wirtschaft wird mehrere Krisen durchleben. Jede wird schlimmer sein als die vorangegangene Krise. Um die Wirtschaft wieder anzukurbeln, muss immer mehr Geld gedruckt werden. Das wiederum führt zu immer stärkeren Krisen. Die Leute flüchten in Sachwerte wie Aktien, Immobilien und Co. Unternehmen produzieren immer mehr, und es wird zunehmend auf Kredit konsumiert. Die Staaten verschulden sich weiter, während die Schere zwischen den Menschen, die über Geld zum Investieren verfügen und dadurch von steigenden Sachpreisen profitieren, und denjenigen, die nahe am Existenzminimum leben, immer weiter auseinandergeht. Irgendwann gibt es keinen Ausweg mehr. Die Stimmung in der Bevölkerung wird zunehmend kippen. Die Menschen verlieren das Vertrauen in den Euro, den Dollar und andere Fiat-Währungen. Stattdessen erkennen mehr und mehr Menschen den Wert einer dezentralen Währung. Die Nachfrage steigt mit jeder neuen Bankenpleite, mit jedem Staat und jedem Menschen, der durch wirtschaftliche Sanktionen vom internationalen Zahlungssystem ausgeschlossen wird, mit jedem neuen Bürgerkrieg in ärmeren Teilen der Welt und mit jeder neuen Steuer und Enteignung von Eigentum, um die steigenden Staatsschulden zu finanzieren.

Gleichzeitig werden neue Techniken implementiert. Die Blockchain selbst wird als sicherer Kern verwendet, während Bezahlungen, Kredite und weitere Finanzdienstleistungen über andere Netzwerke, teilweise noch Banken und Zahlungsdienstleister wie PayPal, abgewickelt werden.

Allmählich wächst das Bitcoin-Netzwerk und die Nachfrage am Netzwerk. Durch das große Netzwerk und viele aktive Teilnehmer schwankt der Preis, gemessen in Dollar, immer weniger. Stattdessen steigt der Preis weiter und weiter und erreicht schnell Preise jenseits von einer Million USD. Gleichzeitig verliert der Dollar als Weltleitwährung zunehmend an Wert. Durch den enormen Preis von Bitcoin werden gewöhnliche Transaktionen nicht mehr in Bitcoin, sondern in Satoshi gerechnet.

Die offiziellen Preise werden zunehmend sowohl in Dollar als auch in Bitcoin angegeben. Gleichzeitig haben der Dollar, der Euro und andere Fiat-Währungen massiv an Wert verloren, wodurch der Preis für Lebensmittel und Gegenstände des alltäglichen Lebens sich vervielfacht hat.

Wir können uns beim Bäcker entscheiden, ob wir unser Brötchen für 125,5 € oder zwei Satoshi kaufen möchten. Wir haben die Wahl, ob wir unser Eigenheim mit 263 Millionen € oder 200 mBTC finanzieren möchten.

Parallel zu diesem Aufschwung werden stetig weitere technische Updates veröffentlicht, sodass Millionen Transaktionen pro Sekunde abgehandelt und in der Blockchain gespeichert werden können.

Große Konzerne wie Tesla oder Apple erhalten längst den Großteil ihrer liquiden Mittel in Bitcoin. Lange Zeit existieren beide Währungssysteme parallel, bis die Nachfrage des Zentralbankengeldes auf nahezu Null zurückgeht. Während die Kaufkraft der Fiat-Währungen analog auf Null zurückgeht, wird das inflationäre, zentrale System abgesetzt und Bitcoin als neue Leitwährung eingeführt. Alle liquiden Mittel werden durch Bitcoin – das einzig nachweislich endliche Gut – gedeckt.

Es wird immer noch zentrale Institutionen geben, die Bitcoin-Schuldscheine in Form von Bargeld ausgeben.

*Abbildung 76 Bitcoin wird als Zahlungsmittel akzeptiert*

Durch den deflationären Charakter von Bitcoin ist es möglich, sich durch Sparen ein Vermögen anzusammeln, anstatt schleichend enteignet zu werden. Es wird weniger, aber deutlich bewusster konsumiert. Unternehmen müssen mehr Qualität liefern, damit die Menschen gewillt sind, ihr Geld auszugeben.

Zugegeben: Für diese Vorstellung ist zum jetzigen Zeitpunkt viel Fantasie vonnöten. Damit zentrale Institutionen ihre Macht über das Geldsystem abgeben, müssen noch viele Jahre vergehen.

Zusammenfassend können wir festhalten, dass inzwischen auch viele prominente und wohlhabende Personen sowie große Technologiefirmen wie Tesla in Bitcoin eingestiegen sind. Dadurch formen sich **Akzeptanz und Vertrauen** in die Kryptowährung. Vertrauen, dass Bitcoin als Wertspeicher dienen kann. Vertrauen, dass es sinnvoller ist, sein Geld in Bitcoin zu investieren, als es bei Negativzinsen auf dem Sparbuch liegen zu lassen. Vertrauen, wie es die Menschen seit Jahrtausenden in Gold haben.

Die Entwicklerteams leisten große Durchbrüche in der Benutzerfreundlichkeit und hinsichtlich Skalierungsmöglichkeiten. Bitcoin findet immer mehr Anklang und Möglichkeiten, auch als Zahlungsmittel.

Sicherlich ist Bitcoin noch lange nicht auf dem Niveau einer Visa- oder MasterCard angekommen, und niemand kann sagen, ob es jemals so sein wird, aber große Investoren erkennen immer mehr den digitalen Goldcharakter von Bitcoin.

Dass der Bitcoin von der Bildfläche verschwinden wird, ist sehr unwahrscheinlich, aber wie sieht es mit den über 10.000 anderen Kryptowährungen und Token aus?

## 8.3. Die Zukunft von Altcoins

Der aktuelle Markt der Kryptowährungen ist vergleichbar mit dem Technologiesektor der letzten 40 Jahre. Technologie, Social Media etc. boomen immer mehr. In diesem Zuge sind viele Unternehmen gegründet worden. Einige sind bis heute Marktführer, andere sind in der Versenkung verschwunden.

Auch große Social-Media-Plattformen wie beispielsweise Myspace sind über Nacht von der Bildfläche verschwunden. Der Kryptomarkt wird sich ähnlich verhalten. Allmählich werden sich die besten und effizientesten Projekte herauskristallisieren, und die Projekte, die keinen Mehrwert bieten, werden bedeutungslos werden.

Momentan befinden wir uns jedoch noch in der Anfangsphase, in der es extrem schwierig ist, herauszufinden, welche Technologie oder welches konkrete Projekt sich durchsetzen wird.

Denn in den letzten Jahren hat der Kryptomarkt durch all das einströmende Kapital einen enormen Zuwachs bekommen. Mittlerweile können wir über 10.000 verschiedene Kryptowährungen kaufen und versenden. Es ist selbsterklärend, dass wir zukünftig nicht 1000 verschiedene Zahlungsmittel oder 1000 verschiedene dezentrale Netzwerke betreiben werden. Sehr wahrscheinlich werden 99 % dieser Kryptowährungen aussterben.

Hinzu kommt, dass immer wieder neue Projekte dazustoßen und dass durch Marketing enorm viele Investorengelder angesammelt werden.

Das haben wir bereits in den letzten 10 Jahren gesehen:

**Top 10 Kryptowährungen nach Marktkapitalisierung**

| **Juni 2013** | | | **Januar 2017** | | | **Januar 2020** | | |
|---|---|---|---|---|---|---|---|---|
| Rank | Name | Preis | Rank | Name | Preis | Rank | Name | Preis |
| 1 | Bitcoin | €62.41 | 1 | Bitcoin | €835.66 | 1 | Bitcoin | €6,203.75 |
| 2 | Litecoin | €2.22 | 2 | Ethereum | €6.84 | 2 | Ethereum | €114.07 |
| 3 | Namecoin | €0.3657 | 3 | XRP | 0.005331 | 3 | XRP | €0.1637 |
| 4 | Peercoin | €0.1105 | 4 | Litecoin | €3.78 | 4 | Tether | €0.8423 |
| 5 | Novacoin | €2.38 | 5 | Monero | €11.70 | 5 | Bitcoin Cast | €187.58 |
| 6 | Feathercoin | €0.06304 | 6 | Ethereum Classic | €1.17 | 6 | Litecoin | €36.46 |
| 7 | Terracoin | €0.1398 | 7 | Dash | €9.40 | 7 | EOS | €2.26 |
| 8 | Devcoin | 0.00004806 | 8 | Augur | €3.35 | 8 | Binance Coi | €11.81 |
| 9 | Freicoin | €0.008429 | 9 | MaidSafeCoin | €0.08113 | 9 | Bitcoin SV | €92.80 |
| 10 | Yacoin | €0.02153 | 10 | Steem | €0.1349 | 10 | Monero | €45.28 |

Die Kryptowährungen, die in den Anfangsjahren in den Top 10 waren, waren zum Großteil nach einigen Jahren nicht mehr auf den vorderen Plätzen vertreten. Die meisten Projekte, die im Krypto-Boom 2017/18 in den Top 10 waren, sind ebenfalls kaum wiederzufinden, und die Projekte, die heutzutage auf den vorderen Plätzen stehen, kann es in einigen Jahren schon nicht mehr geben.

Die Ausnahmen bilden Bitcoin und seit einigen Jahren auch Ethereum oder Ripple, dennoch kann es diesen Coins genauso ergehen wie vielen zuvor.

Hinsichtlich der Zukunft ist das wahrscheinlichste Szenario, dass große Kryptowährungen, die bereits heute eine große Benutzer-Basis aufgebaut haben, auch langfristig Bestand haben werden. Natürlich wird es immer mal wieder eine neue Kryptowährung geben, deren Preis sich innerhalb eines Jahres verhundertfacht, diese Projekte zu finden grenzt jedoch eher an Glücksspiel als an rationales Investieren.

Bei den Altcoins herrscht außerdem ein stetiges Wettrennen. Wie im Kapitel der Ethereum-Konkurrenten bereits angemerkt wurde, konnte sich bis dato noch kein Netzwerk entscheidend durchsetzen. Ethereum hat allgemein betrachtet die meisten Nutzer und damit die Nase weit vorne. Es wird schwierig, das Ethereum-Netzwerk einzuholen.

Dass eine andere Kryptowährung den Platz von Bitcoin als Wertspeicher einnehmen wird, ist nahezu ausgeschlossen. Das Netzwerk, die Miner, das Vertrauen: Alles spricht für Bitcoin. Auch institutionelle Anleger werden Bitcoin immer bevorzugen. Ein Investment in Kryptowährungen ist allgemein riskant. Große Investmentfonds oder Firmen werden in Bitcoin, Ethereum oder andere große Kryptowährungen investieren, da hier das Risiko am geringsten ist.

Aus diesem Grund sind sich viele Experten dahingehend einig, dass direkte Bitcoin-Alternativen langfristig gegen Bitcoin verlieren werden.

Aus der Sicht eines Investors lässt sich sagen, dass Bitcoin und ggf. andere große Coins wie Ethereum mit dem geringsten Risiko verbunden sind. Jedem ist selbst überlassen, ob er in einen kleinen Coin, der eine große Vision besitzt, investieren möchte, in der Hoffnung sein Geld zu vervielfachen. Mit intelligentem Investieren hat das dann allerdings wenig zu tun.

Wenn wir in ein Projekt investieren, sollten wir uns immer fragen, ob wir langfristig an das Projekt glauben. Auch wenn ein Projekt das Blaue vom Himmel verspricht, müssen wir uns darüber informieren, ob es bisher vielleicht nicht mehr als eine vielversprechende Idee ist.

In der Krypto-Szene sind Coins, die kein langfristiges Konzept besitzen und sehr wahrscheinlich in einigen Jahren nicht mehr existieren werden, auch als **Shitcoins** bekannt.

Wie immer gilt auch hier: „**Gier frisst Hirn**"; das mussten schon viele leichtgläubige Privatinvestoren am eigenen Leib erfahren. Vor allem mit kleineren Projekten können wir jederzeit unseren gesamten Einsatz verlieren.

Andererseits stehen wir noch am Anfang des Krypto-Markts, stets angeführt von der Mutter aller Kryptowährungen: Bitcoin. Nach oben hin ist ebenso alles möglich. Der langfristige Trend des Marktes ist eindeutig zu erkennen.

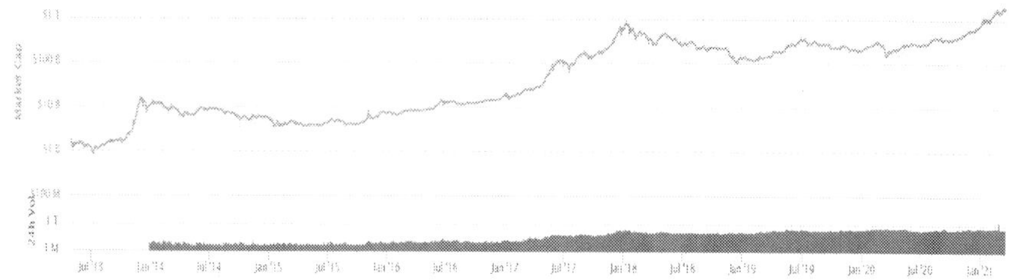

*Abbildung 77 Historische Marktkapitalisierung des gesamten Kryptomarktes im logarithmischen Maßstab*

An dieser Stelle sind wir am Ende dieses Einsteiger-Ratgebers zur Thematik der Kryptowährungen angelangt. Wir haben die mathematischen und wirtschaftlichen Grundlagen erarbeitet, haben gesehen, wie die Blockchain aufgebaut ist und wie Transaktionen stattfinden. Auch wissen wir nun, wie wir konkret am Krypto-Markt antizipieren können, und wir wissen, dass es wichtig ist, unsere Private Keys zu speichern.

Zu guter Letzt wollen wir uns einige Mythen ansehen, die in den Medien oder am Stammtisch oftmals als Tatsache verkauft werden, zumeist mit dem Ziel, ein falsches Image von Kryptowährungen zu verbreiten. Wir schauen uns bei jedem Argument die Intensionen hinter der Aussage an und prüfen die Aussagen auf ihren Wahrheitsgehalt. Denn um das Krypto-Ökosystem immer mehr Menschen nahezubringen, ist Aufklärung das Wichtigste.

Manche Mythen wurden bereits im Laufe dieses Buches erläutert, jedoch gehen wir nun speziell auf bestimmte Anschuldigungen ein und fassen die Kernaussagen zusammen. Denn es ist, beispielsweise in einer Diskussion, oftmals wichtig, die Kernaussagen kurz und prägnant übermitteln zu können.

# 9. Die häufigsten Mythen

Die folgenden Mythen werden exemplarisch anhand der Mutter aller Kryptowährungen aufgezeigt. Sie gelten analog für jede Art von Kryptowährung. Oftmals wird jedoch Bitcoin herausgepickt, da es sich hierbei um die mit Abstand größte Kryptowährung handelt und sie auch Laien bekannt ist.

Die Mythen sind teilweise rein technischer Natur, teilweise enthalten sie auch spieltheoretische und wirtschaftliche Ansätze. Oftmals ist in jedem Mythos ein Funken Wahrheit enthalten, jedoch wird dadurch oftmals völlig falsch geschlussfolgert.

Damit wir zukünftig diese Argumente klarstellen können, um den Menschen die Angst vor Kryptowährungen zu nehmen, schauen wir uns die häufigsten Mythen von „Nicht-Bitcoinern" genauer an.

## 9.1. Bitcoin kann verboten werden

Beginnen wir mit einem Argument, das man immer wieder in den Nachrichten oder von Börsengurus hört.

Oftmals wird erwähnt, dass Bitcoin und andere Kryptowährungen sich gut entwickeln, solange es sich noch um eine Nische für Nerds handelt. Sobald Bitcoin größer wird, wird der Staat eingreifen und die Kryptowährung verbieten.

Selbst die Chefin der Europäischen Zentralbank, **Christine Lagarde**, hat in einem Interview erwähnt, dass man Bitcoin regulieren, vielleicht sogar verbieten muss. Bitcoin sei eine Gefahr und wird für illegale Aktivitäten verwendet.

Dass Bitcoin nicht für illegale Zwecke verwendet wird und dass es aufgrund der Transparenz und der faktisch nicht gegebenen Anonymität völlig unsinnig wäre, haben wir bereits in früheren Kapiteln besprochen. Dass die Chefin der europäischen Zentralbank eine solche Aussage trifft, ist für uns auch nicht mehr verwunderlich. Sie steht symbolhaft für das unlimitierte Erschaffen von Fiat-Geldern, während Bitcoin als noch sehr volatile, aber begrenzte und dezentrale Währung angesehen wird. Es ist lediglich der Versuch des Bitcoin-Rufmords, was in den letzten Jahren gut funktioniert hat. Lange galt Bitcoin als *böse* und *kriminell*, jedoch verbreitet sich allmählich die Wahrheit. Bitcoin wird nicht für kriminelle Geschäfte verwendet, sondern stellt eine Alternative zum zentralen, inflationären Geldsystem dar.

Obwohl man es auf den ersten Blick nicht denken mag, ist die Aussage von Christine Lagarde dennoch ein positives Signal für den Krypto-Markt. Eine Person wie die Chefin der europäischen Zentralbank würde sich nicht mit Bitcoin auseinandersetzen, wenn es immer noch das gleiche Nischenprodukt wäre wie im Jahre 2010. Stattdessen ist die Aussage, dass Bitcoin reguliert und kontrolliert werden muss, ein Zeichen dafür, wie viel Popularität und Wert Bitcoin gewonnen hat.

Aber wie könnte ein Verbot des Besitzes von Bitcoin aussehen? Ist das überhaupt möglich?

Zur Beantwortung dieser Fragen führen wir uns noch einmal vor Augen, was wir tun müssen, um Bitcoins in unserer Wallet zu bekommen: Wir müssen einen zufällig gewählten Private Key erstellen, der einem Public Key zugeordnet wird. Der Besitz von Bitcoin bedeutet im Umkehrschluss, dass wir eine zufällig ausgewählte Zahl mit 256 Stellen, die wir Private Key nennen, generiert haben. Wie soll das Generieren einer zufälligen Zahl verboten werden?

Auch Mining kann faktisch nicht verboten werden. Mining ist nichts weiter als das Durchführen von Hashing-Algorithmen durch einen Computer, sprich der Computer löst ein mathematisches Problem. Derselbe SHA256-Algorithmus wird auch in zahlreichen anderen Anwendungen verwendet. Der Geheimdienst, das Militär: Alle verwenden diesen Algorithmus.

Wie man so etwas in einem Gesetzestext verbieten möchte, kann sich kein Jurist der Welt vorstellen.

Es ist faktisch nicht möglich, die Blockchain oder Bitcoin zu verbieten. Die Grundlage bieten kryptografische Algorithmen, die nicht verboten werden können. Mathematik kann man nicht verbieten.

Ein Verbot des Besitzes von Bitcoin wäre so, als würde man das 256-fache Werfen einer Münze verbieten. Wir sehen also, wie absurd die Thematik eines Verbotes ist.

Was hingegen verboten bzw. stark einschränkt werden kann, sind die **Zugangspunkte und Rahmenbedingungen**. Sprich, dass es offiziellen Instituten wie den Krypto-Exchanges verboten wird, neue Kunden zu gewinnen.

Dabei müssen wir immer im Hinterkopf behalten, dass das Bitcoin-Netzwerk nicht verboten werden kann. Ein Staat kann sich nur selbst vom Bitcoin-Netzwerk abkapseln. Das wäre nur sinnvoll, wenn alle Staaten der Welt gleichzeitig beschließen, alle Zugangspunkte zu sperren.

Selbst dann würde der Preis zunächst nachlassen, der Handel jedoch mit der Zeit in den Untergrund wandern, wo die Kontrolle noch mehr verloren gehen würde. Deshalb ist eine vollkommene Blockade des Kaufens und Verkaufens von Bitcoin und anderen Kryptowährungen eher sinnfrei. Wahrscheinlicher ist indes, dass Staaten mehr und mehr Hürden für den Erwerb und das Halten von Bitcoin einbauen.

Und genau diese Bemühungen sehen wir bereits. Vor einigen Jahren war es problemlos möglich, sich lediglich mit einer E-Mail-Adresse einen Account bei einer Krypto-Exchange zu eröffnen und Bitcoins zu kaufen. Heutzutage muss man oftmals mithilfe eines Verifikationsverfahrens seine Identität nachweisen, bevor man einen Cent auf das Konto einzahlen kann. Dieses Verfahren wird auch als **KYC** (**K**now **y**our **C**ustomer, zu Deutsch: *kenne deine Kunden*) bezeichnet.

Außerdem können Staaten den Kryptowährungen weitere Steine in den Weg legen. Beispielsweise die Vorlage eines Führungszeugnisses vor dem Kauf von Kryptowährungen, besondere Steuern oder jährliche Krypto-Sonderabgaben, vergleichbar mit der Grundstücksbesteuerung.

Damit die Staaten die Kontrolle über das Geldsystem behalten werden, werden noch zahlreiche „Tricks“ zum Vorschein kommen. Und jede neue Sanktion ist ein positives Zeichen für Kryptowährungen. Auch wenn der Preis nach solchen Aussagen kurzzeitig einbrechen wird, ist der Wert langfristig gestiegen.

Weiterhin kann der Umweltschutz als Vorwand genutzt werden, um das Mining zu illegalisieren, auch wenn wir gesehen haben, dass das Mining bereits heute grüne Energie fördert.

Wiederum müssen wir verstehen, dass das Mining (genau wie der Besitz von Bitcoin) technisch nicht blockiert werden kann. Fraglich ist jedoch, wie viele Bürger das Risiko, beispielsweise einer Hausdurchsuchung, in Kauf nehmen würden, nur weil sie Bitcoins besitzen. Der Großteil würde sich stattdessen den Vorgaben „beugen“, um nicht mit dem Gesetz in Konflikt zu geraten, auch wenn das Verbot weder sinnvoll noch im Sinne der Bürger ist. Es liegt in der Natur des Menschen, Konfrontationen mit übergeordneten Instanzen zu vermeiden.

Das sehen wir beispielsweise an einem autoritären System wie der Volksrepublik China. Ein Großteil der Bevölkerung nimmt den Einschnitt von Freiheits- und Persönlichkeitsrechen weitestgehend passiv hin, auch wenn in den letzten Jahren vermehrt Aufstände und Gegenbewegungen aufkommen.

Auch bei uns im DACH-Raum (Deutschland, Österreich, Schweiz) ist die Mentalität der Bürger sehr zurückhaltend, wenn es um Widerstand gegen den Staatsapparat geht. Das ist auch vollkommen nachvollziehbar, denn unsere Gesetze und Vorschriften sind nicht aus Willkür entstanden, sondern verfolgen einen konkreten Zweck, auch wenn die Umsetzung oder Ausführung nicht immer optimal verläuft.

Es ist demnach weniger ein technisches Verbot, das Bitcoin bedrohlich werden kann, sondern eine spieltheoretische Betrachtung, die alle Teilnehmer des Finanzsystems sowie das Herdenverhalten der Menschen miteinbezieht.

Um Bitcoin auf diese Weise vollkommen „auszuschalten", müsste der Großteil der Staaten auf der Welt gleichzeitig zu totalitären Maßnahmen greifen. Und die Geschichte hat gezeigt, dass sich kein totalitärer Staat langfristig durchsetzen kann. Außerdem sehen wir, dass Bitcoin auch für Staaten interessant sein kann, um sich von der Weltleitwährung Dollar unabhängig zu machen.

Eine weitere Möglichkeit ist das Anbieten einer eigenen Kryptowährung, einer staatlichen Kryptowährung. Denn das Vertrauen in den Staat ist zum heutigen Stand bei der breiten Masse immer noch höher als in eine „unbekannte" Kryptowährung.

Der elektrische Euro, der elektronische Dollar oder der elektrische Yen sind schon lange im Gespräch, und die Abschaffung des Bargeldes hat bereits begonnen. Jedoch unterscheiden sich diese staatlichen Kryptowährungen fundamental von Bitcoin und dem Netzwerk. Diese Währungen werden zentral kontrolliert und nicht vor Inflation geschützt sein. Zensur und Enteignung wären problemlos möglich. Langfristig wird es eine solche Währung auch schwerhaben, sich durchzusetzen.

Je mehr Menschen das Geldsystem verstehen und den Wert einer gedeckten Währung erkennen, desto mehr Menschen werden den Bitcoin den staatlichen Kryptowährungen vorziehen.

Was die Zukunft genau bringen wird, ist ungewiss.

Es kann beispielsweise auch ganz anders kommen, wenn Staaten die Vorteile von Bitcoin erkennen und nutzen. Ein Beispiel dafür ist der Iran. Im Iran wurde Bitcoin sehr kritisch angesehen. Jedoch wurde der Iran unter der US-Regierungszeit von Donald Trump vom internationalen Dollar-Handel ausgeschlossen.

Dem Iran wurde es verboten, einen internationalen Handel mit der Weltwährung US-Dollar abzuwickeln.

Daraufhin suchte der Iran nach Alternativen und Auswegen und lernte die Vorteile der Blockchain-Technologie kennen. Dies ging sogar so weit, dass die iranische Regierung mit den Bitcoin-Minern im Land zusammengearbeitete, um Bitcoin zu errechnen. Diese wurden dann für den internationalen Handel verwendet.

Es kann also auch anders ablaufen, als man vermuten mag. Stellen wir uns vor, dass eine große Nation sich an das Bitcoin-Netzwerk anschließt und die damit einhergehenden Vorteile genießt. Allmählich werden andere Staaten dazu gezwungen, das Netzwerk zu untersuchen. Niemand möchte der letzte oder einzige sein, der nicht von den Vorteilen profitiert.

Außerdem würde ein Verbot auch wirtschaftliche Folgen nach sich ziehen. Bitcoin-Millionäre sind in der Regel auch allgemein sehr wohlhabend und halten eine Menge Vermögen in dem Land, in dem sie ansässig sind. Wenn eine Regierung den Besitz von Bitcoin unter Strafe stellen würde, würden einige dieser wohlhabenden Personen abwandern und es würde eine Menge Vermögen aus dem Land abfließen.

Außerdem besteht die Bitcoin-Lobby nicht mehr nur aus „Technik-Spinnern". Große Firmen, milliardenschwere Firmen und mehrere kleine Staaten investieren bereits in Bitcoin. Selbst Regierungs- und Finanzvertreter sehen die enormen Vorteile der digitalen Währung, so beispielsweise Hester Peirce, Mitglied der US-Börsenaufsichtsbehörde SEC.

*„Es wäre dumm von der Regierung zu versuchen, Bitcoin zu verbieten. Das größere Problem wäre, dass wir [die USA] die Innovationen verpassen würden [...], wenn wir versuchen diese zu verbieten."*

*-SEC-Kommissionarin Hester Peirce in einem Talk zum Finanzportal Marketwatch*

Letztlich ist der Einwand eines Verbots jedoch nicht vollkommen unberechtigt. Bitcoin ist noch sehr unreguliert. Das zeigt sich beispielsweise an den sehr volatilen Preisen. Einige Regulierungen sind wichtig und werden vom Großteil der Community befürwortet. Damit würde sich das Image von einer unkontrollierten Zockerwährung zu einer anerkannten, legitimen Bezahlungsmethode ändern. Mit der Zeit und der Verbreitung des Netzwerkes stabilisiert sich damit auch der Preis von allein.

## 9.2. Bitcoin ist eine Blase

Das mit Abstand häufigste Argument, das gegen Bitcoin und andere Kryptowährungen angeführt wird, ist, dass Bitcoin reine Spekulation ist und dass es sich nur um eine Blase handelt. Oftmals werden Vergleiche zu früheren Blasen wie der Tulpen-Blase oder der Dotcom-Blase im Jahr 2000 gezogen.

Aber was ist eine Blase überhaupt?

*Als Spekulationsblase [...] wird eine Marktsituation bezeichnet, in der die Preise eines oder mehrerer Handelsgüter [...] wie zum Beispiel Aktien oder Anleihen über ihrem inneren Wert (auch: Fundamentalwert oder intrinsischer Wert) liegen.*

https://de.wikipedia.org/wiki/Spekulationsblase

Wenn jemand von einer Bitcon-Blase spricht, ist damit also gemeint, dass der Preis eines Bitcoins weit über dessen **inneren Wert** liegt. Die Begründung wird meistens gleich mitgeliefert, nämlich dass Bitcoin keinen inneren Wert besitzt.

Denn Bitcoin steht weder eine Wirtschaftsleistung wie bei Aktienunternehmen noch eine physische Substanz wie bei Gold oder Immobilien gegenüber. Als Schlussfolgerung ist Bitcoin wertlos und damit eine Blase.

Der innere Wert ist ein sehr abstrakter Begriff und ist nicht durch physikalische Attribute beschreibbar. Bevor wir uns anschauen, wie wir den Bitcoin-Wert bemessen können, betrachten wir die Argumente, die *für* eine Blase im Kryptomarkt sprechen:

Sehr viel Kapital fließt in den Krypto-Markt, vor allem von Personen, die keinen langfristigen Anlagezeitraum besitzen, sondern „schnelles Geld" machen wollen. Hier spielt ihnen auch wieder die nicht vorhandene Regulierung des Marktes in die Karten.

Das Resultat ist eine extreme Volatilität. Schnelle Anstiege und Abstürze des Preises der Währungen sind das Ergebnis.

Ein weiteres Argument für eine Blasenbildung ist die Tatsache, dass Bitcoin auf 21 Millionen Münzen begrenzt ist. Sobald ein Gut begrenzt ist, kann bei steigender Nachfrage eine Blase entstehen, bei der die Leute unbegrenzte Preise bezahlen, um einen Teil des begrenzten Gutes zu bekommen.

Als letztes Element kommt bei einem rasanten Anstieg des Preises Euphorie auf. Die Angst, der Letzte zu sein, der nicht mit Bitcoin reich wird, bringt uninformierte Marktteilnehmer dazu, in den Kryptomarkt zu investieren, ohne die fundamentalen Daten zu analysieren. Dieser Effekt wird als **FOMO** – Fear of missing out bezeichnet – zu Deutsch: *die Angst, etwas zu verpassen.*

Sobald die Erwartungen nicht erfüllt werden, wird (oftmals mit Verlust) verkauft.

Alle diese Gründe bilden zeitweise „Blasen" im Krypto-Markt, die wir in den vergangenen Jahren immer wieder gesehen haben. Innerhalb weniger Monate vervielfachten sich Kryptowährungen wie Bitcoin und stürzten anschließend um bis zu 90 % wieder ab.

Es gab jedoch zwei große Unterschiede zu einer „normalen" Blase: Beim Platzen einer Blase, wie es bei der Dotcom-Blase der Fall war, fielen die Preise der Güter unter ihren Preis vor der Blasenbildung. Aktien wie die Telekom-Aktie haben sich bis heute nicht davon erholt.

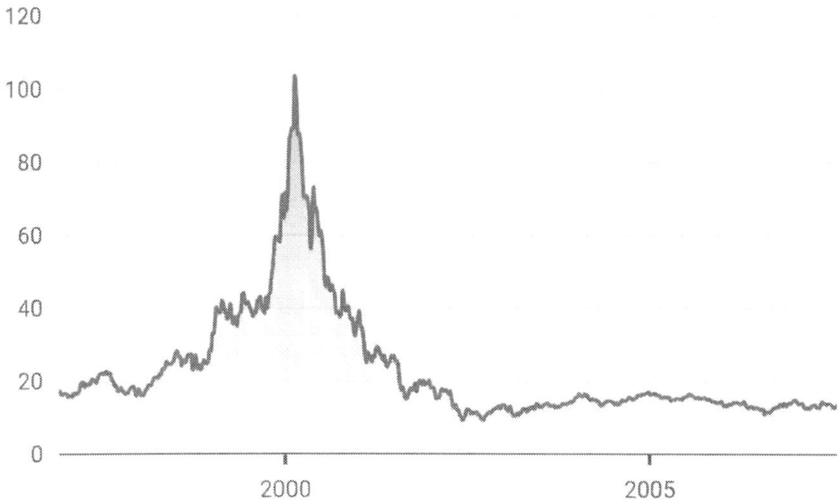


*Abbildung 78 Kursverlauf der Telekom Aktie*

Bitcoin hingegen hat bereits mehrere Blasen hinter sich. Jedoch hat sich Bitcoin nach dem „Platzen der Blase“ stets auf einem höheren Level gehalten als vor der Blase, und jedes Mal stand der Preis höher als der Höchstwert der vorherigen Blase.

*Abbildung 79 Bitcoin "Blase" von 100 USD auf 1200 USD und zurück auf 250 USD*

*Abbildung 80 Bitcoin "Blase" von 1000 USD auf 20000 USD und zurück auf 6000 USD*

Es gibt noch weitere Beispiele für das kurzfristige „Platzen der Blase“.

Wir können also erkennen, dass starke Anstiege und Einbrüche in kurzer Zeit nichts Außergewöhnliches sind. Rein faktisch gesehen waren beide gezeigten Anstiege keine Blasen im Sinne der vorherigen Blasen, wie der dotcom-Blase. Wenn man seine Coins über den kompletten Zeitraum des Anstiegs und Abfalls gehalten hat, hat man sie im Vergleich zum Preis vor der Blase vervielfacht.

Im Vergleich dazu hat man bei einer realen Blase, wie es bei der Telekom-Aktie der Fall war, mit seinem Investment bis heute Verlust erlitten.

Anstatt von Blasen zu sprechen, entwickelt sich Bitcoin in **Wellen.** Innerhalb dieser Wellen steigt der Preis rasant an und fällt anschließend oftmals wieder ab. Es hat den äußeren Anschein einer Blase, jedoch zeigt der langfristige Trend eindeutig nach oben, was nach dem Platzen einer Blase nicht der Fall ist.

Dadurch, dass der Bitcoin-Preis in **Wellen** wächst und zeitweise rasante Anstiege und Abfälle aufzeigt, täuscht es oftmals den Schein einer Blasenbildung vor.

Außerdem haben diese Phasen der Euphorie einen sehr positiven Einfluss auf den Wert der Kryptowährungen. Immer mehr Menschen beschäftigen sich mit der Thematik. Firmen in diesem Bereich werden mit frischem Kapital versorgt und schlaue Köpfe und Investoren entdecken neue Möglichkeiten.

Auch fundamental haben wir im vorherigen Unterkapitel gesehen, dass der Preis von beispielsweise Bitcoin vielleicht noch weit unter dem Wert liegen kann. Wir haben gesehen, dass es viele gute Gründe gibt, Bitcoin einen sehr hohen, inneren

Wert zuzuschreiben. Dafür muss man jedoch die Funktion und den Sinn der Blockchain verstehen. Es ist also nicht sinnvoll, von einer Blase zu sprechen, wenn man gleichzeitig keine Gründe dafür aufweisen kann, warum der innere Wert geringer sein sollte als der aktuelle Preis.

Passend dazu können wir uns eine Seite anschauen, die jeden Zeitungsbericht auffasst, in dem Bitcoin für „tot" erklärt wurde.

https://99bitcoins.com/bitcoin-obituaries/

Insgesamt ist Bitcoin schon über 400-mal für tot erklärt worden.

Häufig werden kritische Aussagen von Menschen getroffen, die sich nicht mit der Blockchain auseinandergesetzt haben, oder von Verfechtern von zentralisierten Institutionen wie großen Banken, Investmentfonds oder politischen Institutionen.

Schlussendlich kann festgehalten werden, dass der Kryptomarkt sehr volatil ist und daher auf unerfahrene Anleger abschreckend wirkt. Es ist theoretisch möglich, sein komplettes Investment zu verlieren. Wenn wir Pech haben, kaufen wir Bitcoin und er fällt danach um 90 % im Preis. Das ist und war durchaus „normal".

Fakt ist jedoch auch, dass man sein Geld durch ein einfaches Kaufen und Halten (HODL) in jeder längeren Zeitperiode (mehrere Jahre) vermehren kann. Natürlich kann die Zukunft letztlich nicht anhand der Vergangenheit festgemacht oder vorausgehen werden.

*Geschichte wiederholt sich nicht, aber sie wiederholt ihre Lehren.*

*- Offizierschule des Heeres, Hannover, 28.6.1990*

## 9.3. Bitcoin kann gehackt werden

Als nächstes Argument dahingehend, dass Bitcoin wertlos sei, wird oftmals erwähnt, dass es nur einen Angriff eines Hackers benötigt, um das komplette Vertrauen, das sich Bitcoin in den letzten Jahren aufgebaut hat, schlagartig zu zerstören. Prinzipiell ist das vollkommen korrekt, jedoch ist die These falsch formuliert. Trotzdem wird sie auch von den Medien und hochrangigen Prominenten immer wieder verbreitet.

*„Cyber-Diebstahl*

*Blockchain-Hacker haben mehr als 13,6 Milliarden US-Dollar gestohlen"*

*Quelle: https://www.internetworld.de/sonstiges/bitcoin/blockchain-hacker-13-6-milliarden-us-dollar-gestohlen-2600349.html*

Wir haben gesehen, dass es praktisch unmöglich ist, den Private Key eines anderen Menschen zu erraten, aber wie sicher ist die Blockchain an sich? Schließlich liest man immer wieder, dass Bitcoin gehackt wurde und Vermögen in Milliardenhöhe gestohlen wurde.

Die Blockchain ist ein dezentrales System, das bedeutet, dass es keinen zentralen Anhaltspunkt gibt, an dem Hacker ansetzen können, anders als in einem Schließfach, einer Bankfiliale oder einer Kasse im Supermarkt. Wenn die Rede von „gehackten Bitcoin-Accounts" ist, wurde meist der Private Key gestohlen, weil er beispielsweise ungeschützt auf dem PC lag und die betroffene Person sich einen Virus eingefangen hat. Auch sind Fälle bekannt, bei denen Personen gewaltsam erpresst wurden, den Private Key herauszugeben.

Eine weitere Masche sind unsichere oder betrügerische Wallets, die vorgeben, einen zufälligen Private Key zu erzeugen, diesen jedoch selbst abspeichern und damit Zugriff auf das Konto haben. Aus diesem Grund ist es äußerst wichtig, einen sicheren, erprobten Anbieter zu verwenden.

Die letzte Möglichkeit, wie Bitcoin bisher „gehackt" wurde, ist, dass eine zentrale Institution, beispielsweise eine Tauschbörse, gehackt wurde. Die Server wurden gehackt und die Private Keys gestohlen, wie es bei dem Mt.Gox Hack von 2013 der Fall war.

Mit all diesen Tatbeständen hat die Blockchain-Technologie hinter Bitcoin rein gar nichts zu tun. Es sind immer zentrale Angriffspunkte, die sich ein Hacker zunutze machen kann, sei es eine Krypto-Börse oder ein privater PC.

Deshalb sollten wir (vor allem, wenn es sich um größere Summen handelt) niemals unnötig Coins auf einer Tauschbörse liegen lassen, sondern immer an unsere Adresse senden, von der nur wir den Private Key besitzen. Schließlich liegt sonst die Kontrolle wieder bei einem zentralen Institut.

Das Prinzip lautet: *„Not your key – not your coins"*, zu Deutsch *Hast du nicht das Passwort, sind es nicht deine Coins*.

Technisch gesehen ist die Blockchain nicht *hackbar*.

Um Bitcoin zu hacken, müssten erprobte Prinzipien wir die elliptische Kurve oder der SHA256- Algorithmus gehackt werden. Dies gilt praktisch als ausgeschlossen. Auch Kreditkartenfirmen oder Regierungseinrichtungen wie das US-Militär oder der deutsche Geheimdienst setzen auf diese Techniken. Der SHA256-Algorithmus gilt seit 20 Jahren als **unhackbar**.

Nachdem wir diesen Mythos aufgeklärt haben, schauen wir uns den nächsten Aspekt an, der oftmals vollkommen falsch interpretiert wird.

## 9.4. Bitcoin ist ineffizient

Bitcoin kann momentan circa sieben bis acht Transaktionen pro Sekunde in die Blockchain schreiben. Im Vergleich dazu setzen Zahlungsanbieter wie Visa oder Master Card mehrere 10.000 Transaktionen pro Sekunde um.

Die Schlussfolgerung ... Bitcoin ist ineffizient! Es müssen Unmengen an Strom und Ressourcen aufgewendet werden, um ein paar Transaktionen durchführen zu können.

Das sind berechtigte Einwände, aber wenn wir diese Argumente hören, wissen wir, dass der Sprecher sich nicht mit der Bitcoin-Technologie auseinandergesetzt hat bzw. denn **Sinn von Bitcoin nicht verstanden** hat.

Dazu müssen wir zunächst verstehen, was Effizienz überhaupt bedeutet. Denn warum benötigt Bitcoin so viel Strom? Wo geht die ganze „verbrauchte" Energie hin?

Im Gegensatz zum gängigen Verständnis ist nicht gemeint, dass wir elektrische Energie in Transaktionen umwandeln. Das war niemals das primäre Ziel von Bitcoin. Eine zentrale Einheit wie eine Bank ist um ein Vielfaches effizienter, was diesen Vergleich angeht.

Bitcoin wurde geschaffen, um ein dezentrales, sicheres System zu etablieren, das unangreifbar ist und in dem kein Teilnehmer von einer zentralen Instanz gesperrt bzw. zensiert werden kann. Durch das Mining werden komplexe, mathematische Algorithmen berechnet. Die Ergebnisse werden in der Blockchain gespeichert. Je mehr Energie verwendet wird, desto schwieriger ist es, die Algorithmen zu lösen und desto sicherer wird das Netzwerk.

Bitcoin wandelt die unterste Ebene des Lebens, nämlich Energie, in Sicherheit um. Das Mining ist die **effizienteste Möglichkeit**, dezentrale Sicherheit zu erzeugen. Bei allen anderen Konsensmethoden wie Proof of Stake wird die Elektrizität „verschwendet". Beim Mining fließt sie zu **100 %** in die Sicherheit.

Wenn mehr Miner sich an das Netzwerk anschließen und mehr Energie verbraucht wird, passen sich die Anforderungen an die Nonce mithilfe der Mining Difficulty an. Es wird automatisch schwieriger, einen Block zu lösen. Dadurch beinhaltet das Ergebnis, also der verifizierte Block, umso mehr Sicherheit. Ein Angreifer müsste mehr Energie in das System stecken, um die Blockchain in Form einer 51 % Attacke zu „knacken".

Wir sehen auch, dass es keine andere Kryptowährung und keinen anderen Konsensalgorithmus gibt, der diese Sicherheit gewährleisten kann.

Als Beispiel nehmen wir Ethereum, das deutlich mehr Transaktionen gewährleisten kann. Ein Block dauert nicht zehn Minuten, sondern lediglich zehn bis zwanzig Sekunden. Ist es deshalb effizienter? Wenn wir die pure Energie pro Transaktion als Maßstab nehmen, dann: auf jeden Fall. Aber wie wir gesehen haben, war und ist das niemals das Ziel von Bitcoin gewesen.

Bitcoin wurde bewusst langsam und träge erschaffen, weil nur so eine optimale Sicherheit gewährleistet werden kann.

Dadurch, dass bei Bitcoin die Blöcke kleiner und langsamer gewählt wurden, ist mehr Rechenleistung notwendig, sprich es wird für die gleiche Anzahl an Blöcken/Transaktionen mehr Sicherheit erschaffen.

Oftmals wird auch argumentiert, dass die Technologie veraltet ist und es viel bessere, neuere und schnellere Kryptowährungen gibt. Diese können viel mehr Transaktionen bewältigen und gleichzeitig noch großartige Features unterstützen. Das ist ein ebenfalls ein Irrglaube.

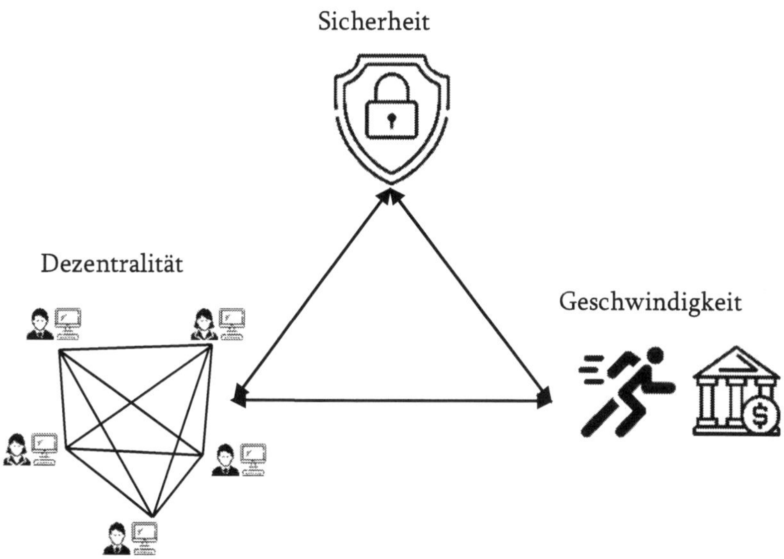


*Abbildung 81 Trilemma im Kryptobereich*

Wie immer im Leben müssen wir auch in der Kryptografie einen Kompromiss von Zentralität, Sicherheit, Geschwindigkeit und vielem mehr eingehen. Es handelt sich nicht um ein Dilemma, bei dem man einen Kompromiss zwischen zwei Dingen festlegen muss, sondern um ein **Trilemma**. Beim **Trilemma der Dezentralität** kann man mindestens eines der drei Ziele (Dezentralität, Sicherheit und Geschwindigkeit) **nicht** erreichen.

Manche Altcoins sind deutlich zentraler als Bitcoin, können dafür allerdings deutlich mehr Transaktionen pro Sekunde durchführen. Sie sind deshalb nicht moderner, besitzen keine bessere Technologie oder sind Bitcoin in sonst irgendeiner Weise überlegen. Sie haben sich lediglich für einen anderen Kompromiss entschieden.

Wenn man den Sinn eines dezentralen, unzerstörbaren Wertspeichers verstanden hat, erkennt man, dass Bitcoin weder veraltet noch ineffizient ist.

Und obwohl Bitcoin bewusst langsam und träge aufgebaut wurde, kann es trotzdem als Zahlungsmittel verwendet werden. Dem Zahlungsmittel-Mythos gehen wir als Nächstes auf die Spur.

## 9.5. Bitcoin ist als Zahlungsmittel ungeeignet

Der nächste Punkt besitzt viele Überschneidungen mit dem vorherigen Punkt, dass Bitcoin ineffizient sei. Aufgrund der Tatsache, dass Bitcoin mit aktuell siben bis acht Transaktionen pro Sekunde noch sehr langsam ist, entsteht der Mythos, dass Bitcoin sich niemals als Zahlungsmittel etablieren kann.

*Abbildung 82 Bitcoin als physisches Zahlungsmittel denkbar?*

Das ist vollkommen korrekt. Wir haben bereits gesehen, dass es niemals die Intension war, möglichst viele Transaktionen auf der Blockchain zu ermöglichen, sondern die bestehenden so sicher wie nur möglich zu gestalten! Bitcoin ist unangreifbar. Kein Staat oder Konglomerat der Welt kann dieses Netzwerk übernehmen.

Und trotzdem ist es durch technische Weiterentwicklung möglich, Bitcoin als Zahlungsmittel einzusetzen und dennoch die Kernsicherheit beizubehalten.

Es gibt bereits technische Lösungen, beispielsweise indem man die Größe der Transaktionen komprimiert und dadurch mehr Transaktionen in einen Block hineinsteckt, beispielsweise durch eine Erweiterung mit dem Namen **Segwit**.

Normalerweise besteht eine Transaktion zur Hälfte aus Daten und zur Hälfte aus der Signatur. Durch Segwit wird der Bedarf für die Signatur verkleinert, sodass beinahe doppelt so viele Transaktionen in einen Block passen. Das bedeutet, dass auf der Bitcoin Blockchain bereits 14 Transaktionen pro Sekunde stattfinden können. 14 Transaktionen sind schon mal mehr als sieben bis acht, jedoch haben wir bereits gesehen, dass es Zehntausende sein müssten, damit Bitcoin als großflächiges Zahlungsmittel eingesetzt werden kann.

Da die Bitcoin Blockchain primär den Fokus darauf legt, die Sicherheit und Unangreifbarkeit des Netzwerkes zu gewährleisten, wird es mit hoher Wahrscheinlichkeit niemals möglich sein, alle Transaktionen direkt in der Blockchain ablaufen zu lassen. Bei kleinen Beträgen wäre es aufgrund der hohen Transaktionskosten auch vollkommen unwirtschaftlich.

Wenn die Nachfrage an Transaktionen auf der Bitcoin Blockchain steigt, steigen gleichzeitig die Transaktionskosten. In einigen Jahren könnten Hunderte Euro pro Transaktion normal sein.

Bedeutet das, dass Bitcoin nicht als Zahlungsmittel infrage kommt?

Bitcoin ist eine weltweite Bewegung mit einer riesigen Community und tausenden aktiven Programmierern, die tagtäglich an der Weiterentwicklung des Netzwerkes arbeiten. Es wäre naiv zu glauben, dass es keine technische Lösung für die heutigen Herausforderungen von Bitcoin gibt. Ein Beispiel, das in den letzten Jahren enorm weiterentwickelt wurde, sind sogenannte Second-Layer-Lösungen.

**Second Layer Lösungen:**

Second Layer Modelle, zu Deutsch *Zweite Schicht Modelle*, bauen auf der Idee auf, dass die Blockchain als stabile, unterste Schicht dient, wir jedoch auf dieser Schicht weitere Schichten aufbauen können. Die Blockchain wird dabei als **Main Layer**, zu Deutsch *Hauptschicht* oder *unterste Schicht*, beschrieben.

Dies ist vergleichbar mit dem Internet. Die Grundlage für unser Internet ist das Ethernet-Protokoll. Auf diesem untersten Protokoll bauen weitere Schichten auf, beispielsweise die IP-Adressen, die jeder Rechner bekommt. Auf den IP-

Adressen bauen weitere Protokolle, wie die Internetbrowser mit HTTPS-Protokollen auf. Jede neue Schicht bringt neue Eigenschaften. Beispielsweise bietet die HTTPS-Schicht Sicherheit bei der Datenübertragung. Das HTTPS-Protokoll nutzen wir alle, wenn wir im Internet surfen und in unserem Browser das Schlosssymbol angezeigt bekommen.

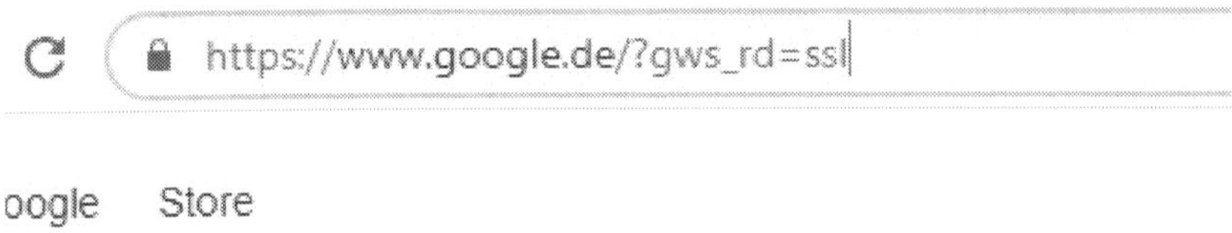


*Abbildung 83 HTTPS-Kürzel bei einer sicheren Internetverbindung*

Wie wir bereits gesehen haben, benötigt die Blockchain kein Sicherheitsupdate. Ein Second-Layer-Protokoll kann uns jedoch dabei helfen, das Geschwindigkeitsproblem zu lösen.

Indem auf der Blockchain weitere Schichten (neue Technologien) aufgebaut werden, kann die Anzahl der Transaktionen auf Tausende Transaktionen pro Sekunde skaliert werden.

Bisher gibt es viele verschiedene Ansätze dahingehend, wie die Second Layer Modelle genau aussehen können. Wir schauen uns beispielsweise eine sehr vielversprechende Technologie an: das Lightning Netzwerk.

**Lightning Netzwerk**

Das Lightning Netzwerk ist ein eigenständiges Netzwerk. Innerhalb dieses Netzwerks können Bitcoin versendet werden. Der Name Lightning wurde gewählt, weil die Transaktionen mit Lichtgeschwindigkeit übertragen werden können.

Das Lightning Netzwerk ist für kleine Zahlungen sinnvoll, beispielsweise wenn wir uns einen Kaffee für 2 € oder ein Brötchen für 40 Cent kaufen wollen. Der Aufwand, dafür eine eigene Transaktion anzustoßen, die für immer in der Blockchain gespeichert wird, steht in keinem Verhältnis.

Das Lightning Netzwerk funktioniert so simpel wie genial. Wir senden unseren Bitcoin von der Bitcoin Blockchain an das Lightning Netzwerk. Dafür sperren wir unsere Bitcoins auf der Bitcoin Blockchain, sodass sie nicht mehr verwendet werden können. Dazu benötigen wir einmalig eine Transaktion auf der Bitcoin Blockchain.

Die gesperrten Bitcoins können wir im Lightning Netzwerk verschicken und können von anderen Lightning-Nutzern Bitcoin empfangen, die die anderen Nutzer zuvor auf der Main-Blockchain gesperrt haben.

Die Transaktionen innerhalb des Lightning Netzwerks werden nur von Parteien im Lightning Netzwerk gespeichert. Die Bitcoin Blockchain bekommt davon nichts mit. Lediglich beim Ein- und Austritt aus der Bitcoin Blockchain wird eine Transaktion erstellt.

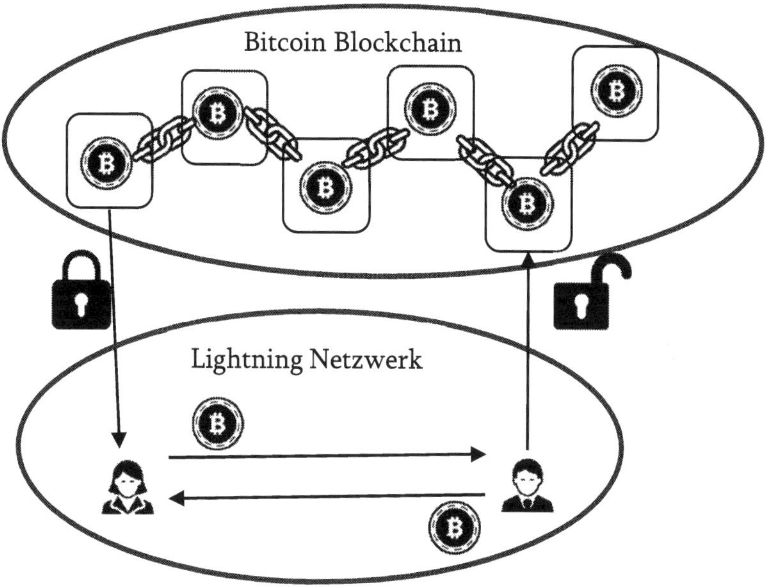


*Abbildung 84 Transferieren der Bitcoins in das Lightning Netzwerk*

Wir können uns das System so vorstellen, als hätten wir ein Bankkonto (Bitcoin Konto auf der Bitcoin Blockchain), von dem wir Bargeld abheben. Wir übertragen unser Geld von dem einen Netzwerk (Bankkonto) auf ein anderes Netzwerk (Bargeldsystem).

Mit dem Bargeld können wir mit jedem Menschen handeln, der ebenfalls Bargeld besitzt. Das kostet keine Gebühren für eine Überweisung und geht meistens schneller, als wenn wir einen Tag auf die Überweisung warten müssen.

Wenn wir unsere Bitcoins wieder auf der Bitcoin Blockchain verwenden möchten, müssen wir und die anderen Personen die gleiche Anzahl an Bitcoin, die „abgehoben wurde“, wieder einzahlen.

Die Differenz aller Transaktionen im Lightning Netzwerk wird als eine Transaktion auf der Bitcoin Blockchain gespeichert.

Die Transaktionshistorie innerhalb des Lightning Netzwerks wird nicht gespeichert. Dadurch entsteht ein positiver Nebeneffekt: Weil die Transaktionen nicht gespeichert werden, ist es nicht mehr so einfach nachzuvollziehen, welche Person wem wie viele Bitcoins gesendet hat.

Von außerhalb ist nur die Gesamtbilanz zu sehen, dass keine Bitcoins fehlen.

Das Lightning Netzwerk steckt (wie viele Technologien) noch in den Kinderschuhen. Momentan ist noch viel technisches Wissen notwendig, um beispielsweise Bitcoin aus dem Netzwerk herausnehmen zu können und im Lightning Netzwerk zu verschicken.

Bereits heute verwenden Tausende Nutzer auf der ganzen Welt das Lightning Netzwerk, und es werden täglich mehr.

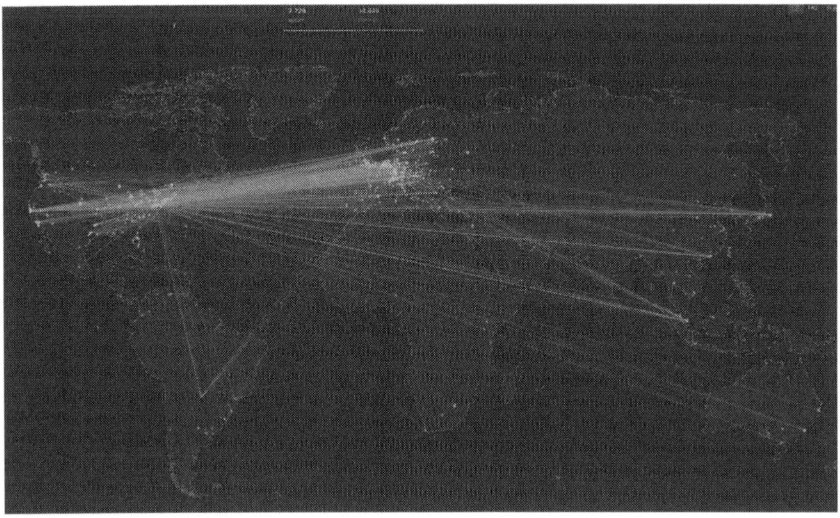

*Abbildung 85 Aktuelle Verbreitung aller aktiven Lightning Nodes*
*Quelle: https://explorer.acinq.co/*

Mit der Zeit wird die Technik weiterentwickelt und massentauglich. Zukünftig kann eine einfache Smartphone-App es ermöglichen, Bitcoins kostengünstig in nahezu Echtzeit zu übertragen.

Als Nächstes schauen wir uns ein weiteres technisches Vorurteil an, das Bitcoin nachgesagt wird.

## 9.6. Quantencomputer zerstören das Bitcoin-Netzwerk

Personen, die etwas technischer versiert sind, werfen häufig das Argument ein, dass ein Quantencomputer die Verschlüsselung von Bitcoin ganz einfach knacken kann und somit das gesamte Netzwerk einstürzt. Als Laie hört sich das nach einem validen Argument an. Jedoch ist auch das nicht die volle Wahrheit. Um zu verstehen, inwieweit Quantencomputer eine Gefahr darstellen können, schauen wir uns einmal an, was Quantencomputer überhaupt sind, wie sie funktionieren und welchen Einfluss dies auf Bitcoin hat.

Wir haben bei den Grundlagen der Kryptografie Einwegfunktionen kennengelernt. Das sind Funktionen, die in eine Richtung sehr simpel zu lösen sind, rückwärts jedoch nicht so simpel. Übertragen auf das Bitcoin-Netzwerk bedeutet das, dass wir sehr einfach vom Private Key auf die Public Address schließen können, wie wir es bereits bei „Bitcoin kann gehackt werden" besprochen haben.

Diese Funktion, wie die elliptische Kurve werden als **mathematisch schweres Problem** bezeichnet, und genau diese können Quantencomputer deutlich schneller berechnen als herkömmliche Computer. Ein Quantencomputer rechnet nicht mit 1 und 0 wie ein gewöhnlicher Computer, sondern mit sehr kleinen Teilen, sogenannten **Quantenteilchen** oder auch **Qubits** genannt. Das können Elektronen oder Lichtteilchen sein. Die Besonderheit bei diesen Teilchen ist, dass wir durch ihre Eigenschaften mehrere Berechnungen gleichzeitig statt nacheinander ausrechnen können.

Das bedeutet, dass ein Quantencomputer deutlich weniger Berechnungen benötigt, um die gleiche Anzahl an Ergebnissen zu erhalten wie ein herkömmlicher Computer.

Das ist sowohl ein Angriff auf den SHA256-Algorithmus als auch auf das Elliptische-Kurve-Verfahren, das aus dem Private Key die Public Address erzeugt.

In jedem Fall ist es korrekt, dass die theoretische Möglichkeit besteht, die beiden Verfahren zu knacken. Jedoch sind wir zum heutigen Zeitpunkt noch sehr weit davon entfernt. Einige Schätzungen ergeben, dass sich die Rechenleistung eines Quantencomputers noch verhundert- bis vertausendfachen muss, damit eine reelle Gefahr eines Angriffs besteht. Quantencomputer sind außerdem extrem teuer, und nur einige große Firmen wie Google arbeiten an der Entwicklung.

*Abbildung 86 Heutige Dimensionen eines Quantencomputers*

Quantencomputer sind nicht zu vergleichen mit normalen Computern. Die Quantenteilchen müssen penibel aufbereitet und ausgewertet werden. Sie arbeiten bei -270 °C und benötigen Unmengen an Energie.

Der Fokus von großen Firmen wie Google liegt bei der Entwicklung sicherlich nicht auf dem Angreifen von Kryptowährungen.

Dagegen ist einzuwenden, dass wir in den letzten 50 Jahren gesehen haben, wie schnell sich die Technik weiterentwickeln kann. Nehmen wir deshalb einmal an, dass Quantencomputer sich zu Alltagsgeräten entwickeln.

Sobald ersichtlich wird, dass Quantencomputer eine Gefahr für kryptografische Algorithmen darstellen könnten, wird das Netzwerk die bisherigen Algorithmen gegen quantensichere Algorithmen ersetzen. Wie wir gesehen haben, ist das durch einen Fork simpel möglich. Der SHA256-Algorithmus kann durch einen anderen, quantensicheren Algorithmus ersetzt werden, und das Netzwerk läuft weiter wie bisher auch. Außerdem haben wir bereits gesehen, dass der SHA256-Algorithmus auch von Regierungen und Geheimdiensten verwendet wird. Diese stehen vor denselben theoretischen Angriffsszenarien.

Es gibt bereits jetzt quantensichere Algorithmen. Ob Quantencomputer überhaupt jemals eine reelle Gefahr für Kryptografie darstellen oder ob es eine theoretische Problemstellung bleibt, können auch Quantenphysiker nicht zweifelsfrei vorhersagen.

In jedem Fall ist es ein Leichtes für das Bitcoin-Netzwerk, einem solchen Szenario auszuweichen. Auch dieses Argument hat keine tiefere Substanz, die Bitcoin gefährlich werden könnte.

Nachdem wir mit vielen technischen Mythen aufgeräumt haben, schauen wir uns nun noch einige wirtschaftliche Aspekte an.

## 9.7. Bitcoin wird für illegale Aktivitäten verwendet

Oftmals ist in den Nachrichten zu hören, dass Bitcoin und andere Kryptowährungen von der Mafia oder Terrororganisationen für illegale Aktivitäten im Darknet verwendet werden. Vor allem in den frühen Jahren der Kryptowährungen war das auch tatsächlich der Fall.

Bitcoin wurde aufgrund der geringen Bekanntheit als Privat-Coin angesehen und für den Kauf von Waffen und Drogen verwendet. Dies war möglich, da das Bitcoin Netzwerk noch nicht weitverbreitet und keine Pseudo-Anonymität vorhanden war. Heutzutage ist das Netzwerk weiter verbreitet. Die Ein- und Austrittspunkte in das Bitcoin-Netzwerk, sprich die Krypto-Exchanges, sind zum größten Teil durch staatliche Institutionen stärker kontrolliert.

Aufgrund der Transparenz und der dadurch bedingten Pseudo-Anonymität ist Bitcoin vollkommen ungeeignet, um als Zahlungsmittel für illegale Aktivitäten verwendet zu werden.

Kryptowährungen werden für weniger als ein Prozent aller illegalen Transaktionen verwendet. Der allergrößte Teil dieser Geschäfte läuft über Fiat-Währungen, primär über Bargeld, ab. Dies ist im Gegensatz zu offenen Blockchains wie Bitcoins nicht nachzuvollziehen.

Denn bei Bitcoin kann jeder die Transaktionshistorie einsehen und weiß genau, wer wie viel Geld besitzt und wer wem Geld geschickt hat. Das ist so weit verbreitet, dass in „Insiderkreisen" bekannt ist, welche Adressen und welche Coins aus illegalen Aktivitäten stammen. Diese haben für die Community quasi keinen Wert mehr. Niemand möchte einen Coin von einer Adresse gesendet bekommen, von der bekannt ist, dass es sich um das Konto eines Drogen- oder Mafiabosses handelt.

Die Coins, die mit illegalen Aktivitäten in Verbindung gebracht werden können, werden auch als **tainted Coins**, zu Deutsch *verdorbene Coins*, bezeichnet.

Tainted Coins sind Coins, die in Verbindung zu illegalen Aktivitäten stehen und deshalb von der Community so gut wie gar nicht akzeptiert werden. Sie sind „weniger wert" als andere Coins. Auch bei Bitcoin ist das aufgrund der transparenten Blockchain der Fall.

Wenn das Netzwerk zunimmt und immer mehr Transaktionen durchgeführt werden, dann werden im Laufe der Zeit mehr und mehr Coins tainted oder zum Teil tainted sein.

Auch große Börsen führen Datenbanken, in denen Coins als tainted angesehen werden. Das hat zum Beispiel zur Folge, dass eine Börse Coins ablehnt, wenn der Coin zu einem großen Teil tainted ist.

Das Problem der tainted Coins kann durch das Mischen von tainted Coins mit nicht tainted Coins gelöst werden. Hier bieten wieder die Privat-Coins wie Monero oder Dash eine Lösung. Wenn in einen Transaktionstopf mit 99 „sauberen" Coins ein tainted Coin dazugegeben wird, ist der Ausgang im Durchschnitt nur noch zu 1 % tainted.

Einerseits ist das sinnvoll, da so die Geldmenge nicht weiter begrenzt wird, weil einige Coins weniger wert sind als andere.

Andererseits wird auf diese Weise wiederum illegalen Aktivitäten die Tür geöffnet. Wir haben aber bereits gesehen, dass es durchaus sinnvoll sein kann, einen gewissen Grad an Privatsphäre sicherzustellen.

Es gilt, einen Kompromiss zwischen Sicherheit und Freiheit, bzw. Sicherheit und Privatsphäre zu finden.

Aber warum benötigen wir überhaupt Privatsphäre? Wer nichts zu verbergen hat, wird doch sicher nicht auf einen privaten Coin zurückgreifen, oder?

Hier spinnen wir einmal die Idee weiter, dass sich Bitcoin als Zahlungsmittel etabliert und wir alltägliche Zahlungen durch Bitcoins abwickeln. Wollen wir wirklich, dass jeder sehen kann, wie viel Geld wir besitzen? Wollen wir wirklich, dass jeder sehen kann, dass wir beim Arzt bezahlt haben oder wie viel wir für unser neues Auto ausgeben?

Transparenz hat eben auch ihre negativen Seiten.

Deshalb sind bereits Erweiterungen in der Entwicklung, um die Transparenz einzuschränken und die Anonymisierung voranzutreiben. Dazu können auch Erweiterungen wie das Verwenden von Seeds oder das Lightning Netzwerk helfen.

Ein anderes Beispiel dafür sind **CoinJoins**. Simpel formuliert werden dabei die Transaktionen von mehreren Benutzern gesammelt und vermischt. Dadurch ist nicht mehr eindeutig nachzuverfolgen, wer BTC an wen geschickt hat.

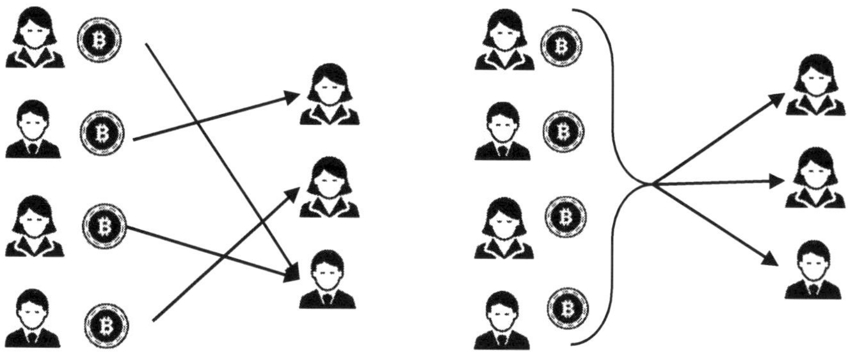

*Abbildung 87 Verschleierung der direkten Transaktionen mithilfe von CoinJoins-Wallets*

Bei Behörden und Börsen kommt das hingegen weniger gut an. Einige Börsen akzeptieren bereits heute keine Coins, die von „privaten Wallets" gesendet werden.

Zusammenfassend wird Bitcoin nicht primär für illegale Aktivitäten verwendet und ist dafür durch die hohe Transparenz auch vollkommen ungeeignet.

## 9.8. Bitcoin ist zu teuer und reine Spekulation

Bitcoin und sein Preis werden durch Spekulanten in die Höhe getrieben. „Normale Bürger" können sich niemals einen Bitcoin leisten, da niemand Tausende Euro für eine Münze ausgeben kann.

Auch hier sehen wir Parallelen zu anderen Argumenten, beispielsweise dem, dass Bitcoin eine Blase sei, und keinen inneren Wert besitze.

Zunächst entkräften wir das Argument, dass sich ein normaler Bürger niemals einen Bitcoin leisten kann.

Das Argument ist verständlich. Wenn Bitcoin hypothetisch betrachtet auf 1 Million steigen wird, erhalten wir für 10 € gerade einmal 0,00001 BTC. Das wirkt als Währung abschreckend, denn niemand möchte in Währungseinheiten rechnen, die mit vier Nullen nach dem Dezimalpunkt beginnen.

Wir haben jedoch auch gesehen, dass ein Bitcoin selbst in bis zu 100 Millionen Satoshi teilbar ist. Für unsere 10 € würden wir im selben Szenario 1.000 Satoshi bekommen. Das hört sich doch deutlich praktikabler an, oder?

Die Darstellung der Währung ist folglich auch bei Bitcoin kein Problem. Ein tatsächlich großes Problem zur heutigen Zeit sind hingegen die starken Kursschwankungen, ausgelöst durch Spekulanten.

In diesem Punkt müssen wir dem Kritiker also vollkommen zustimmen. Momentan ist der Preis nicht vorherzusehen. Kursrückgänge von 70 % sind beinahe „normal“.

Aus heutiger Sicht ist der Preis von Bitcoin noch hoch volatil. Wir haben jedoch auch gesehen, dass die langfristige Entwicklung nach oben zeigt.

Der Kryptomarkt ist noch sehr klein. Alle Kryptowährungen zusammen besitzen gerade einmal 10 % der Marktkapitalisierung des Goldmarktes. Außerdem ist es korrekt, dass viele Menschen sich nicht ausreichend mit den fundamentalen, technischen Daten auseinandergesetzt haben. Das Vertrauen in Bitcoin ist noch nicht ausreichend ausgeprägt.

In diesem kleinen, unregulierten Markt ist es leichter, große Kursschwankungen auszulösen oder teilweise sogar den Markt zu manipulieren. Vor allem bei kleineren Kryptowährungen kommt es immer wieder vor, dass sich mehrere große Investoren zusammentun, um den Preis eines unbedeutenden Coin nach oben oder unten zu beeinflussen.

Dabei spielen zwei psychologische Faktoren eine große Rolle. Diese sind nicht nur im Kryptomarkt, sondern genauso im Goldmarkt, Aktienmarkt oder allen anderen Anlageklassen zu sehen.

Wenn eine Anlageklasse in kurzer Zeit schnell ansteigt, schürt das eine psychologische Angst. Man möchte selbst nicht der einzige „Idiot“ sein, der nicht reich wird, während alle anderen ihr Geld vermehren. Aus diesem Grund kauft man, auch wenn man fundamental vielleicht nicht ausreichend informiert ist.

Der bereits erwähnte FOMO-Effekt ist auch hier ein großer Emotionstreiber.

Wenn der Preis allerdings innerhalb kurzer Zeit stark abnimmt, machen sich Zweifel breit. Es macht sich Ungewissheit dahingehend breit, ob die Anlage eine weise Entscheidung war, und nach einigem Grübeln verkauft man mit Verlust. Das Verkaufen einer Anlageklasse, die nicht überzeugen konnte, ist generell nicht verkehrt. Man muss den Preis immer ins Verhältnis zu den Fundamentaldaten setzen. Bei Kryptowährungen wäre das Verkaufen zu beinahe jedem Zeitpunkt die falsche Entscheidung gewesen.

Gegen diese Markteffekte gibt es nur zwei Mittel:

In den Kryptomarkt muss mehr langfristiges Kapital fließen. Großinvestoren, sogenannte **Wale**, und Unternehmen müssen in den Markt investieren.

Dadurch wirken sich Zu- und Abflüsse relativ gesehen weniger aus. Genau das sehen wir seit einigen Jahren. Große Investoren, Fondmanager oder Privatanleger investieren in Kryptowährungen und die dahinterstehenden Projekte.

Außerdem müssen die Investoren die Anlageklasse besser verstehen.

Jemand, der Bitcoin fundamental verstanden hat und von der Technologie und der Zukunft überzeugt ist, wird seine Bitcoin nicht verkaufen, nur weil der Preis um 70 % gefallen ist. Der Wert ist entscheidend, und dieser wächst stetig. Langfristig betrachtet wird sich der Preis eines Gutes immer seinem Wert annähern.

Mit Blick auf die nächsten zwei, fünf oder auch zehn Jahre kann der Kryptomarkt weiterhin sehr schwanken und von Spekulanten beherrscht werden. Je mehr Kapital in den Markt strömt und je mehr die Menschen von der Technik überzeugt sind, desto weniger Panikkäufe und Verkäufe treten auf und desto stabiler wird der Bitcoin-Preis werden.

Dieser Mythos hat also, zum jetzigen Zeitpunkt, einen wahren Kern. Auch wenn die Preisschwankungen mit steigender Bekanntheit zurückgehen werden, ist der Preis heutzutage sehr volatil und kann als Spekulation angesehen werden.

Ob Bitcoin zu teuer ist, kann nur subjektiv bewertet werden.

Als Letztes schauen wir uns eine wirtschaftliche Aussage über Bitcoin an.

## 9.9. Deflation zerstört die Wirtschaft

Wir haben bereits gesehen, dass unser jetziges, inflationäres Geldsystem langfristig zum Scheitern verurteilt ist.

Eine zentrale Einheit, wie beispielsweise eine Zentralbank, besitzt die Macht, Geld aus dem Nichts zu erschaffen, und kann damit jeden Sparer faktisch enteignen, indem die Kaufkraft des Geldes an Wert verliert.

Man muss die Schuldzuweisungen jedoch relativieren. Denn die Zentralbanken führen nur das aus, was von der Wirtschaft, den Staaten und den Aktionären gefordert wird, nämlich neues Geld in den Markt zu pumpen, um die Wirtschaft künstlich am Leben zu erhalten. Die Zentralbanken haben keine anderen Möglichkeiten. Ihre einzigen Fähigkeiten bestehen darin, neues Geld zu drucken oder bereits bestehendes Geld zu zerstören.

Deshalb werden immer mehr Stimmen, vor allem von Bitcoin-Maximalisten, laut. Sie konstatieren, dass die Ungleichheit nicht an den Teilnehmern des Systems, sondern am inflationären Geldsystem allgemein liegt, dass es zum Scheitern verurteilt ist.

Das Gegenteil einer Inflation, also eine stetige Erhöhung der Geldmenge, ist die **Deflation**, wie es bei Bitcoin der Fall ist. Die Menge des Geldes bleibt immer gleich oder verringert sich mit der Zeit sogar.

Da alles andere in unserer Welt nahezu nicht begrenzt ist, sei es Gold, seien es Produkte wie Handys oder Autos etc., steigt mit der Zeit der Wert des Geldes.

Bei einer Deflation kann man sich nach einem Jahr mit seinem Geld mehr kaufen als heute. Die Preise von Wirtschaftsgütern werden immer günstiger und nicht, wie wir es bis dato kennen, immer teurer.

Aber kann diese Form des Geldsystems funktionieren?

Das erste Argument gegen eine Deflation ist auf den ersten Blick recht logisch. Warum sollten wir noch Geld ausgeben, wenn wir wissen, dass wir uns in einem, fünf oder zehn Jahren mehr davon leisten können?

Es macht doch viel mehr Sinn, Geld zu sparen, statt es für Autos, Urlaub oder Smartphones auszugeben. Als Folge dessen wird weniger konsumiert, die Wirtschaft und damit das komplette System bricht in sich zusammen. Dieses simple Beispiel zeigt: Deflation kann nicht funktionieren. Aber ist das wirklich so?

Würden wir gar nicht mehr in den Urlaub fahren? Würden wir uns kein Smartphone oder Auto mehr kaufen?

Spätestens dann, wenn es um Nahrungsmittel oder die Wohnung geht, wird klar, dass wir uns auf jeden Fall noch Brötchen oder Nudeln kaufen und auch Miete für eine Unterkunft bezahlen würden.

Vor allem in der entwickelten Welt wird darüber hinaus auch weiterhin konsumiert. Oder möchten wir nach einem 8-Stunden-Arbeitstag kein Netflix mehr schauen, nur weil wir in fünf Jahren dafür 10 % weniger zahlen würden? Sicherlich nicht. Auch unseren jährlichen Urlaub, den wir uns hart erarbeitet haben, würden wir uns nicht nehmen lassen, nur weil wir im nächsten Jahr für das gleiche Geld einen Tag mehr Urlaub machen könnten.

Richtig ist jedoch, dass wir uns beispielsweise nur alle drei oder fünf Jahre ein neues Smartphone kaufen würden. Und zwar ein qualitativ hochwertiges, das lange funktionsfähig bleibt. Wir würden bewusst und nachhaltig konsumieren. Die Firmen, die nachhaltig produzieren, würden automatisch mehr entlohnt werden.

Unser System wäre in einem deflationären Geldsystem auf Effizienz, nicht auf den maximalen Ertrag getrimmt.

Wenn Apple, Huawei, Samsung oder ein sonstiger namenhafter Smartphonehersteller jedes Jahr das gleiche Handy auf den Markt bringen würde, das technisch gesehen keine essenziellen Veränderungen zum Vorgängermodell aufweist, würden sich die Konsumenten überlegen, ob sie das Geld nicht lieber sparen sollten, da das Geld von allein an Kaufkraft gewinnt.

Unternehmen und Dienstleister stünden in diesem Szenario ebenfalls im Wettkampf mit der Deflation. Sie müssten qualitativ höherwertige Produkte anbieten, da das Geld deutlich mehr Wert besäße als in einem inflationären System.

Fakt ist auch, dass der Umstieg auf ein deflationäres System eine große Umstellung wäre. Viele Unternehmen würden pleitegehen, da sie keinen Mehrwert für die Bevölkerung liefern und nur durch die Entwertung des Geldes am Leben erhalten würden.

Alle anderen Anlageklassen werden automatisch uninteressanter als bisher. Vielleicht würde es die Wirtschaft in eine temporäre Krise stürzen, von der sie sich jedoch anschließend langsam und nachhaltig erholen würde. Viele Menschen konstatieren, dass wir nicht absichtlich auf ein System umstellen können, das die Wirtschaft kurzzeitig schwächt. Die Alternative besteht jedoch darin, ein System am Laufen zu halten, das zu keiner Zeit unserer Geschichte funktioniert hat, das die Grundlage für Enteignung von Sparern ist und Verschwendung und nichtnachhaltigen Konsum fördert.

Bitcoin als deflationäres Geldsystem ist ein Experiment mit dem Potenzial, viele unserer heutigen Probleme zu lösen, ein Experiment, das sich lohnt getestet zu werden.

# 10. Schlusswort

Damit beenden wir die Reise durch die Bitcoin-Grundlagen und die Blockchain-Technologie. Wir haben die Grundlagen der Kryptografie und unseres Geldsystems kennengelernt. Wir wissen, wie Bitcoin funktioniert, welches Potenzial ein dezentrales Netzwerk wie Ethereum besitzt und worauf wir beim Kauf und Verkauf von Coins achten müssen. Natürlich war dies nur ein kleiner Anschnitt von Themen, über die man selbst ein ganzes Buch verfassen kann. Es wird nicht verlangt, dass wir jeden komplexen Zusammenhang bis ins kleinste Detail nachvollziehen können. Das Wichtigste ist, sich mit dem Thema auseinanderzusetzen, dabei die Risiken und Herausforderungen im Auge zu behalten, sich jedoch nicht per se ignorant zu verschließen.

*„Bitcoin ist der Beginn von etwas Großartigem"*

*Nassim Taleb – Finanzmathematiker*

*„Ich habe zunächst nicht verstanden, wie das [Bitcoin] geht und dann habe ich nachgesehen und es war brillant."*

*Jeff Garzik –Bitcoin Entwickler*

*„Bitcoin ist wie Gold, aber mit dieser magischen Fähigkeit, dass man es teleportieren kann."*

*Vijay Boyapati – Autor und Senior Software Engineer*

# Gratis eBook

Danke, dass du dir dieses Buch gekauft hast. Da der Buchdruck direkt von Amazon übernommen wird und ich keinen Einfluss auf die Qualität der Bilder habe, kann es sein, dass vereinzelt Details verloren gehen.

Deshalb biete ich beim Buchkauf das eBook in Farbe gratis als PDF-Datei an. Dort finden sich alle Bilder hochauflösend und man erhält immer die aktuelle Version.

Dazu schicke eine Nachricht mit dem Betreff „Bitcoin-eBook" sowie einen Screenshot des Kaufs oder einen Nachweis über die Bestellung an folgende E-Mail-Adresse (private Daten können geschwärzt sein):

Benjamin-Spahic@web.de

Ich werde dir das eBook umgehend zukommen lassen.

Wenn dir etwas fehlt, nicht gefallen hat oder du Verbesserungsvorschläge oder Fragen hast, schreib mir gerne eine E-Mail.

Verbesserung ist auf konstruktive Kritik angewiesen. Ich überarbeite das Buch stetig und gehe gern auf jeden konstruktiven Verbesserungsvorschlag ein.

Wenn dir das Buch gefallen hat, würde ich mich über eine positive Bewertung bei Amazon freuen. Das hilft der Sichtbarkeit des Buchs und ist das größte Lob, das ein Autor bekommen kann.

Dein Benjamin

# Über den Autor

Benjamin Spahic wurde 1995 in Heidelberg geboren und wuchs in einem 8.000-Seelen-Dorf in der Nähe von Karlsruhe auf. Seine Leidenschaft zur Technik spiegelt sich, nach dem Absolvieren des allgemeinbildenden Abiturs, in seinem Studium zum Elektrotechnik-Ingenieur, mit Schwerpunkt auf Informationstechnik, an der Hochschule in Karlsruhe, wider.

Anschließend vertiefte er sein Wissen im Masterstudium im Bereich der regenerativen Energiegewinnung an der Hochschule Karlsruhe für Technik und Wirtschaft.

# Impressum:

*Autor: Benjamin Spahic*

*Anschrift:*
*Benjamin Spahic*

*Konradin-Kreutzer-Str. 12*

*76684 Östringen*

*Lektorat/ Korrektorat: Mentorium GmbH*

*Cover: Kim Nusko*

*ISBN Taschenbuch: 9798732047134*

*ISBN Hardcover: 9798734987117*

*EMail: Benjamin-Spahic@web.de*

*Facebook: Benjamin Spahic*

*Bitcoin ohne Vorkenntnisse*

*Ersterscheinung 25.04.2021*

*Vertrieb durch kindledirectpublishing*

*Amazon Media EU S.à r.l., 5 Rue Plaetis, L-2338, Luxembourg*

*Bildnachweise:*
*Alle nicht genannten Inhalte wurden vom Autor selbst erstellt. Er ist daher Urheber der Grafiken und hat die Verwendungs- sowie Verbreitungsrechte.*
Cover: https://pixabay.com/de/photos/bitcoin-geld-dezentral-virtuelle-2008262/
https://icons8.de/icon/113140/kugelbirne
https://icons8.de/icon/79638/obligatorische
https://icons8.de/icon/78038/math
https://icons8.de/icon/42314/taschenrechner
https://www.flaticon.com/de/kostenloses-icon/hausturschlussel_69905
https://www.flaticon.com/de/kostenloses-icon/turschlussel_63432
https://www.flaticon.com/de/kostenloses-icon/scrollen_1010122
https://www.flaticon.com/de/kostenloses-icon/data-mining_2091655
https://www.flaticon.com/free-icon/computer_3067260
https://www.flaticon.com/free-icon/contract_1358533
https://www.flaticon.com/free-icon/ok-mark_15333
https://www.flaticon.com/free-icon/dices_1055907
flaticon.com/free-icon/bitcoin-coin_37011
flaticon.com/free-icon/litecoin_1368051
https://www.flaticon.com/free-icon/ethereum_2586015
https://www.flaticon.com/free-icon/document_1086563
https://www.flaticon.com/free-icon/shield_508281
https://www.flaticon.com/free-icon/data-mining_2091655
https://www.flaticon.com/free-icon/bank_662622
https://www.flaticon.com/free-icon/chain_1748038
https://www.flaticon.com/free-icon/chip_1067509
https://www.flaticon.com/free-icon/certificate_3135763
https://www.flaticon.com/free-icon/running_763965
https://www.flaticon.com/free-icon/settings_561135
https://www.flaticon.com/free-icon/padlock_3064155
https://www.flaticon.com/free-icon/unlocked_100849
https://www.flaticon.com/packs/people-13?k=1617361492902
*Münzwurf Bild https://pixabay.com/de/illustrations/m%C3%BCnze-m%C3%BCnzwurf-werfen-bitcoin-hand-5811097/*
*Eliptische kurve* https://de.wikipedia.org/wiki/Datei:Ell_kurve.png
*Computer:* https://www.flaticon.com/free-icon/computer_3067260?
Siegel: https://commons.wikimedia.org/wiki/File:Sealing_wax_on_letters.jpg
*BTC Transaktionsgebühr* https://bitinfocharts.com/de/comparison/bitcoin-transactionfees.html
*Mining difficulty* https://www.blockchain.com/charts/difficulty
*Antminer S19 pro* https://shop.bitmain.com/release/AntminerS19Pro/overview
*Litecoin* https://commons.wikimedia.org/wiki/File:LTC-400.png
*ETH classic* https://commons.wikimedia.org/wiki/File:Ethereum_Classic_ETC_Logo.png
*BCH* https://bitcoincash.org/
*Binance* https://www.binance.com/en
*Coinbase: Coinbase.com*
*Monero: monero.com*
*Ledger Nano S:* https://shop.ledger.com/products/ledger-nano-s
*Trezor: https://trezor.io/*
*Quantencomputer https://www.sueddeutsche.de/digital/quantencomputer-google-technologie-china-quanten-1.4654011*
*Cardano* https://upload.wikimedia.org/wikipedia/commons/c/c0/Cardano_Logo.jpg
*Tether* https://commons.wikimedia.org/wiki/File:Tether_Logo.svg
*Kryptokitties* https://www.cryptokitties.co/
*Bitcoin Netzwerk* https://pixabay.com/de/illustrations/bitcoin-criptocoin-geld-2640692/
*Bitcoin Anstieg* https://pixabay.com/de/vectors/bitcoin-investitionen-gesch%C3%A4ft-5675758/
*BTC als Geld* https://pixabay.com/de/photos/bitcoin-europa-geld-finanzen-4368670/
*Bitcoin Accepted* https://pixabay.com/de/photos/bitcoin-kryptow%C3%A4hrung-w%C3%A4hrung-3215559/
*Santoshi* https://pixabay.com/de/photos/hacker-silhouette-hacken-hack-3342696/
*Mining und Umwelt: https://bitcoinblog.de/2020/12/14/square-kundigt-fonds-fur-grunes-bitcoin-mining-an*
**Dieses Bild wurde unter Verwendung von Ressourcen von Flaticon.com erstellt*

51 % Attacke ............................ 52
ADA ........................................ 89
Altcoins.................................... 68
Anonymität............................... 64
ASIC-Miner .............................. 51
asymmetrische Verschlüsselung 13
BCC ....................................... 108
Binance.................................... 95
BIP32 .................................... 100
BIP39 .................................... 103
BIP44 .................................... 105
Bitcoin .................................... 24
Bitcoin Main ............................ 54
Bitcoin-Cash............................. 52
Bitcoin-Core ............................. 54
Bitcoin-Dominanz .................... 69
Bitconnect ............................. 108
Bitfinex.................................... 69
bitman..................................... 51
Bits ......................................... 20
Block Rewards ......................... 44
Block Subsidy........................... 44
Blockchain ............................... 27
BTC ......................................... 25
Cardano ................................... 89
Cäsar Verschiebechiffre ........... 12
Chainlink.................................. 91
Coinbase .................................. 95
CoinJoins ............................... 147
coinmarketcap......................... 69
Coins........................................ 25
Cold-Wallets ............................ 98
DAO ......................................... 83
DApps ...................................... 80
DeFi ....................................... 114
Deflation................................ 150
deterministisch ...................... 102
Dezentralität............................ 26
digitale Signatur....................... 15
DOT ......................................... 88
Double Spending ................37, 38
Einwegfunktionen. ....................17
EIP1559 ....................................90
EIPs..........................................72
elliptische Kurve .......................17
Elliptische Kurven-Funktion .......31
ETHash-Algorithmus .................72
Ether (ETH) ...............................72
Ethereum..................................72
Ethereum 2.0............................91
Ethereum Classic ......................57
eToro .......................................95
Fiat-Währungen..........................7
FOMO ....................................132
Forken, ....................................53
*Freigeist Capital*......................113
Full-Nodes ..........................27, 34
*GameKyuubi* ...........................116
*gas*...........................................73
Gavin Wood .............................72
Genesis-Block ...........................47
Goldstandard..............................6
Gwei ........................................72
halving .....................................45
Hard-Fork ................................55
Hash ........................................19
Hashfunktion ...........................17
Hashing-Algorithmen.................17
Hashing-Power .........................37
HD-Wallets .............................101
HODL .....................................117
Inclusion Fee............................90
Integrität .................................11
Klartext.....................................11
Konsens ...................................33
Konsensus ................................33
Krypto-Exchange ......................94
Kryptografie .............................11
Krypto-Kitties ...........................80
KYC ........................................129
Ledger Nano S ..........................99
Lightning Netzwerk.................141

Light-Nodes ................................35
Litecoin........................................58
Main Layer ..............................140
Marktkapitalisierung ................68
Massenadaption........................25
Master Key ..............................101
mBTC...........................................25
Meme.........................................116
Milli-Bitcoin ...............................25
Miner .........................................34
Miner Tip...................................90
Mining.......................................33
Mining-Difficulty ........................50
Monero (XMR)............................65
Mt. Gox ....................................97
NEM .........................................91
NEO .........................................91
Netzwerkeffekt .......................119
Nonce.......................................41
öffentlicher Schlüssel ...............13
Paper-Wallet ..............................98
Polkadot...................................88
POS...........................................61
POW ..........................................37
Privacy Coins ............................65
Private Coins ............................65
Private Key ......................... 13, 15
privater Schlüssel .......................13
Proof of Stake...........................61
Proof of Work...........................37
Pseudo-Anonymität...................65
Public Addresses .......................28
Public Key .......................... 13, 15
Quantenteilchen......................144
Qubits.....................................144
Ringsignatur .............................66
Ripple ....................................124
Satoshi ......................................25
Satoshi Nakamoto .....................24
Scams......................................108
Schlüssel...................................12
Schneeballsystem....................109
Second Layer ..........................140
Seeds.............................. 100, 103
Segwit ....................................140
SHA-256-Algorithmus ...............18
Shitcoins.................................125
Smart Contract ..........................75
Soft-Fork ..................................59
Software-Wallet ........................98
Solidity .....................................79
Sourcecode ...............................26
Source-Fork...............................58
Stablecoins ...............................71
Steemit.....................................83
Symmetrisch ............................13
symmetrische Verschlüsselung..13
tainted Coins ..........................146
Tether (USDT)............................70
TEZOS.......................................91
The DAO ...................................85
Tokenisierung............................79
transaction Fee .........................44
Transaktionshistorie..................27
Transparenz ..............................64
Trezor.......................................99
Trilemma ................................138
unkomprimierter Public Key......32
Vitalik Buterin ..........................72
Volatilität ...............................118
Wale.......................................149
Wallet-Anbietern ......................98
Wallets .....................................31
White-Paper..............................25

Printed in Poland
by Amazon Fulfillment
Poland Sp. z o.o., Wrocław

76374506R10092